JN149162

ウオッカの歴史

VODKA: A GLOBAL HISTORY

PATRICIA HERLIHY
パトリシア・ハーリヒー【著】
大山 晶【訳】

原書房

目次

［……］は翻訳者による注記である。

序章◉ウオッカならではの魅力とは

ウオッカが余るなんてありえない
ウオッカはいつだって足りないものだ
——ロシアの警句

本当のことを言えば、ウオッカは穀物から蒸溜した純然たるアルコールにすぎない。無味・無色・無臭の透明な液体だ。だが驚くべき可能性を秘め、その用途の広さは世界中で人気を博している。ウオッカはロシア風にストレートをひと息で飲んだり、風味のよい素材と合わせてカクテルにしたりする。果汁やソーダ水、炭酸水やジンジャー・ビアと組み合わせればさわやかな飲み物にもなる。

ライバルの蒸溜酒に比べてウオッカが明確に優っているのは、ある広告の文句を引用するならば、飲んでも息を止めなくて済む点だ。つまり、息が酒臭くならない。また、透明な外見も関係しているのだろう、ウオッカには「爽快」な魅力があるとよく言われる。そして酒を知り尽くした世界中のバーテンダーに好まれている。

成型し、エナメル加工を施したガラスのウオッカボトル。18世紀のロシア人が、ロマンスとウオッカを結びつけていたのがよくわかる。

ウオッカにはもうひとつ、他のアルコール飲料に優る持ち前の長所がある。値ごろ感だ。原料が比較的安価で豊富であり（ブドウ畑の手入れほどには耕作に多くの労働力を必要としない）、比較的速く、簡単かつ効率的に製造できるからだろう。さらに、ウオッカには「年代もの」といった概念はない。入念な熟成のプロセスもない。どのみち、基本的に味のない飲料を熟成させる必要があるとも思えない。

もうひとつの長所は、ウオッカが非常に安定していて、変質しにくい点だ。ロシアにはこの点をふまえたジョークがある。酔っぱらいが酒屋に入って尋ねる。「今日は新鮮なウオッカはあるかい？」立腹した店主はつっけんどんに答える。「『新鮮』たあどういうこった、この間抜け。ウオッカに新鮮もくそもあるかい」

「おれは間抜けじゃないさ」客は言い返す。「昨日おまえの店のウオッカを2本飲んだら気分が悪くなったから言ってるんだ！」

ウオッカはもともとシンプルな酒だ。だがこの魅惑的な霊薬をシンプルに形容することはできない。ウオッカの味わいに対する感想は百人百様なのだ。香りづけしていないウオッカをそのまま飲んで、まったく無味だと感じる人もいれば、ベースとなる原材料が残したかすかな味わいを感じ取る人もいる。そういった鋭敏な舌を持つひとですら、ひとりひとりが厳密に同じ感覚を口のなかで経験するわけではない。

現代のウオッカメーカーは、ウオッカ支持層の幅広さや、マーケティングにおける驚くべき可能

カザフスタンの空港でガラスケースに飾られた地場産ウオッカ。旅行者の注意を引くよう、美しく並べられている。

性を敏感に察知している。彼らは女性、若者、同性愛者、マッチョ、美食家、通人、投機家など、さまざまな市場を狙ってブランドをデザインし、パッケージし、売り込みをかけている。そして消費者の側はといえば、選んだブランドを通じて、自分はどのような人間であるかを誇らしげに宣言している。そう、ウオッカは完璧なポストモダンの飲料なのだ。マーケティング担当者はブランドイメージを注意深く構築し、消費者はどのブランドを選ぶかで自分がどれほどの人間であるかを少なからず示そうとする。

ほとんどの酒飲みは、ウオッカに楽しみ、安らぎ、ぬくもり、勇気、慰め、さらには刺激を求める。健康によいと主張する者もいる。しかしアルコール飲料の常として過剰摂取されることも多く、恐ろしい破壊力を秘めてい

19世紀後期のウオッカの広告。ボトルに描かれたチャーミングな若い女性が恋人に「愛の妙薬」と書かれた偽の処方箋を手渡している。恋人の目を愛情たっぷりに輝かせるため、1日3回の服用を勧めている。

る。ウオッカを人生の楽しみを増すために飲む者もいれば、肉体的・精神的な苦しみを鎮めるために飲む者もいる。悲しいかな、人はいずれにせよウオッカを飲まずにはいられないようだ。人生から逃避しながら人生を楽しむ人はいないからである。

ウオッカについてどんな見解を持つにせよ、はっきりしていることがひとつある。この一見平凡な液体は、実は豊かな歴史と明るい未来を併せ持つ非常に強い勢力だということだ。何世紀もの間、詩人たちはウオッカの驚くべき力を称賛し、農夫から貴族まであらゆる人々がウオッカを味わい、二日酔いに苦しんできた。一方、キリスト教会から共産党にいたる歴代の権力者たちは、大衆の消費によって莫大な利益を得ながら、その普及を管理しようとしてきた。ロシアはつねに、ウオッカの製造と消費から利益を得る方法を見つけてきた。ウオッカの最古の製造者のなかでも、修道士は伝統的に医療のためにウオッカを販売していた。のちの1990年代には大統領ボリス・エリツィンが、アルコールを輸入して一般市場で販売する認可をロシア正教会に与えている。今日でも、ウオッカは社会的および経済的に並外れた影響力を持ち続けている。職人の手になるものであれ、大規模な工場で造られたものであれ、そのことに変わりはない。

ヴァレンティン・ウオッカ。デトロイトで少量生産されたリフィノ・ヴァレンティンのウオッカ。21世紀のブティックブランドの一例である。魅力的な女性を描いたラベルは、ウオッカでロマンスのチャンスが高まるという常套句を繰り返している。

第1章◉ウオッカの製造

◉醗酵から蒸溜・加水まで

メーカーの大小にかかわらず、ウオッカは同様の手順に従って製造される。まず、ベースとなる材料を選んで醗酵させる。ロシア、ポーランド、ウクライナ、ベラルーシ、フィンランド、スウェーデン、バルト海諸国の伝統を重んじる人々は、もっぱら穀類、ジャガイモ、あるいはテンサイの糖蜜を原料にしたものこそがウオッカの名に値する、と主張している。しかしイタリア、フランス、イギリス、オランダの蒸溜家はもっと鷹揚で、トウモロコシなどさまざまな醗酵可能な農産物や、ブドウやリンゴといった果物も使用している。彼らの主張によれば、ウオッカの味わいに、ベースとなる材料はさほど影響しないという。2007年6月、欧州議会は、非伝統的な材料であっても製造者が明記するならばウオッカと認めるとする法律を通過させた。

ベースの材料が決まったら、醱酵の手順に移る。材料をポットのなかで粉砕し、加水し、加熱すると、デンプンが糖に変わる。このどろっとした汁（マッシュ）に酵母を加え、醱酵させてできあがるのが、アルコール性の液体（ウォッシュ）だ。次にウォッシュを蒸溜し、この液体を構成する他の化学物質と水とエタノール（飲用アルコール）を分離する。アルコールは水より早く沸騰するため、ウォッシュを沸騰させると、気化したアルコールの蒸気を、パイプを通して別の容器に集めることができるわけだ。この蒸気が冷えると、液化してアルコールとなる。しかし、最初の蒸気（ヘッド）と最後の蒸気（テール）は集めないよう注意しなければならない。水や無用の化学物質が含まれていることが多いからだ。こういった不純物を含む蒸気はすべて廃棄するか、再び液化させ、蒸溜したアルコールと混ぜて、2度3度繰り返し蒸溜する。ある蒸溜家は、やや無粋だが、

現代のネミロフ・ハニーペッパー・ウオッカのボトル。ウクライナでもっとも広く販売されている銘柄だ。ロシア人はピョートル大帝からニキータ・フルシチョフといった指導者たちも含め、長くペッパード・ウオッカを好んできた。

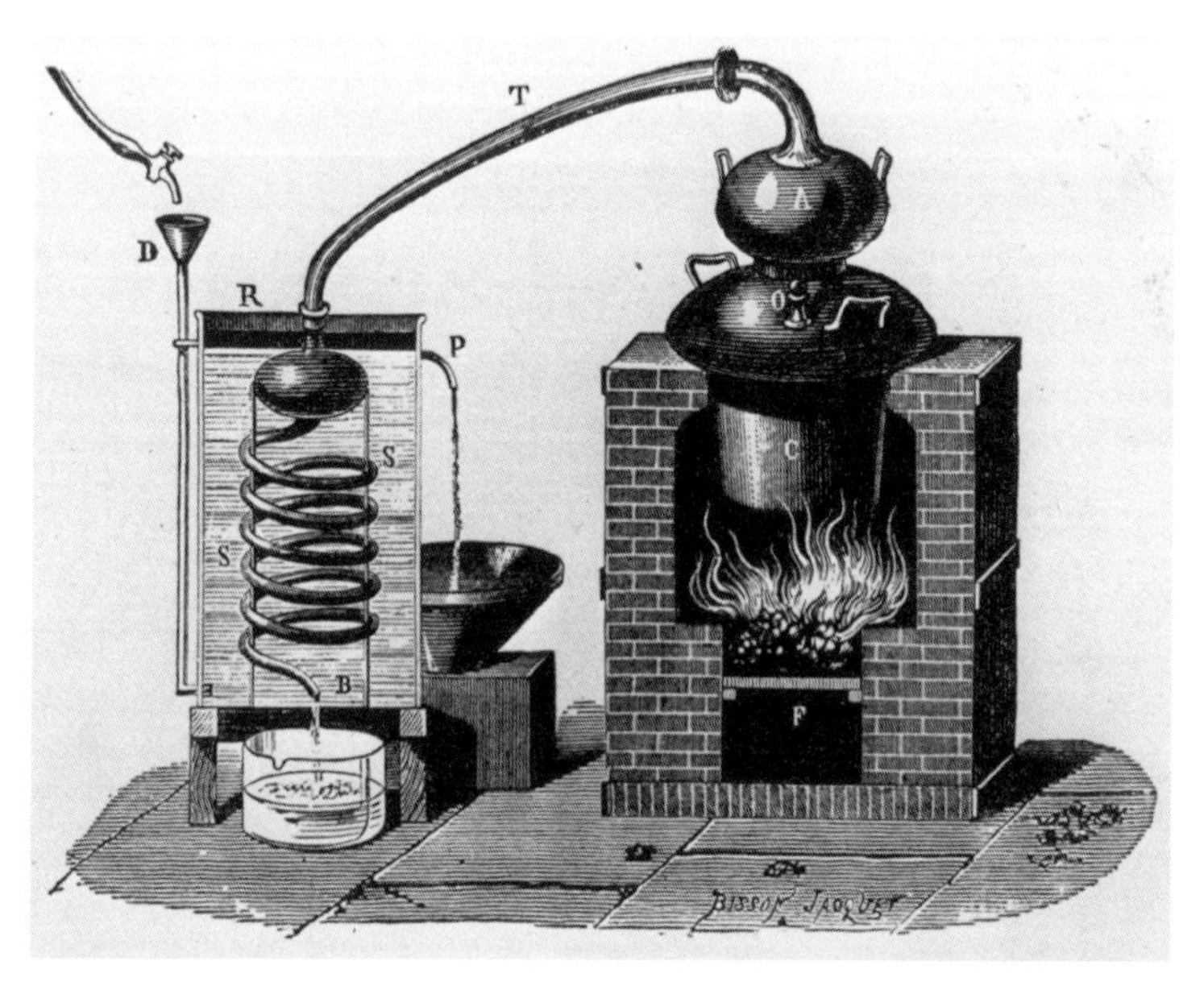

19世紀ロシアの偉大な科学者ドミトリー・メンデレーエフによる蒸溜器の図。ウオッカの蒸溜に関する彼の博士論文はアルコール度数約40パーセントを推奨しており、これは今日でも一番よく見られるウオッカの度数だ。

そのプロセスをガソリンの精製になぞらえている。

蒸溜によってアルコールの濃度は非常に高まるので、ウオッカメーカーはできあがったアルコールを水で薄めなければならない。どれほど加水するかで、完成したウオッカの重要な特性が決まる。アルコール含有量だ。ウオッカの理想的なアルコール度数は何パーセントかという問題も、長年にわたり業界内で議論されてきた。１８６５年、ロシアの偉大な科学者ドミトリー・メンデレーエフが、ウオッカのアルコール度数は38パーセントであるべきだとする博士論文を発表した。しかし税金を算出しやすいよう、切りのいい40パーセントという数字が標準になった。

ＥＵは最近になって、ウオッカと名乗るにはアルコール度数が37・5パーセント以上でなければならないと取り決めている。

●濾過

蒸溜家が調整するもうひとつ大切な要素は、ウオッカのあるかなきかの風味の度合いと性質だ。初期のウオッカには、強くて不快な臭いが残っていることが多かった（蒸溜されたアルコールに残っている不純物が原因だ）ため、多くのウオッカ製造者は長きにわたり、製品から風味を完全に取り除こうと努めてきた。18世紀にはロシア人が木炭を使ってアルコールを濾過し、浄化している。この技術の進歩により、過度の不純物と、ほぼすべてと言っていいほどの風味が取り除かれた。同じ頃、ポーランドのウオッカ蒸溜所は3回蒸溜を導入したと思われる。これもアルコールを純化するのに非常に効果的な方法だ。今日でも、大量生産を行なうメーカーの多くは、蒸溜後のアルコールから臭い、風味、色を取り除くために奮闘している。ときには不純物を結合させ除去するために凝固剤を加えることもある。アルコールを濾過するフィルターには、砂、木炭、溶岩、石英、ダイヤモンドの粉末、水晶、宝石、あるいはステンレス鋼や麻や絹、フランスのリムーザン・オーク［ウイスキー樽によく使われる木］、セルロース、竹の葉で作った網など、さまざまな物質が使われている。マッシュから生じる香りを除去する工業規模のコラム・スチル［塔状をした連続式蒸溜器］も使われている。

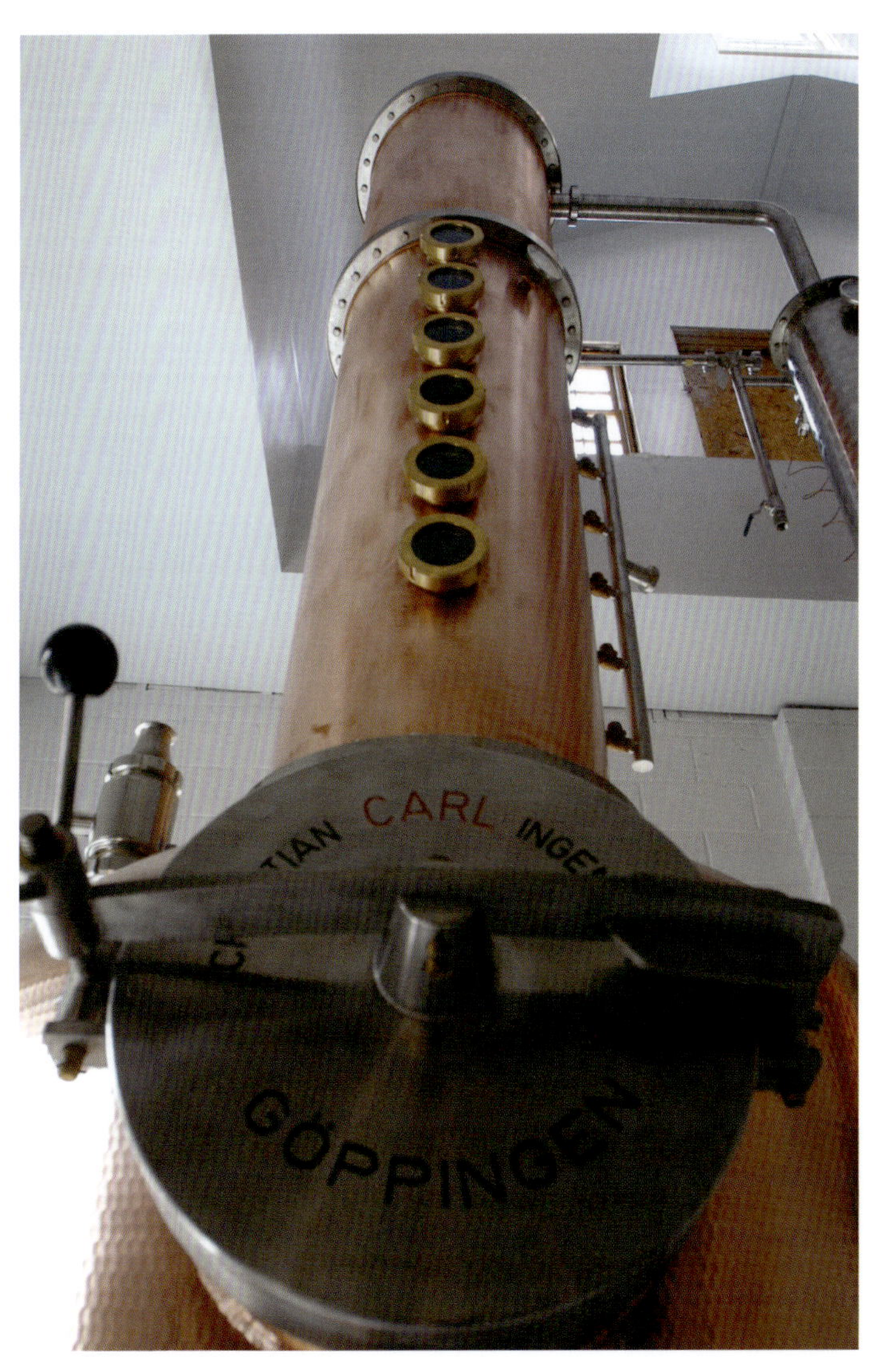

現代の銅製ハイブリッド・スチル。背の高い現代のコラム・スチルが登場する前にウオッカの蒸溜によく使われた。「ムーンシャイン（密造酒）・スチル」と呼ばれることが多いのは、アメリカの禁酒法時代に使われていたからである。この蒸溜器は今でもほのかな香りを残した製品造りに好んで使われる。

しかし消費者のなかには、ベースとなる穀物のかすかな気配をとどめたウオッカを好む者もいる。ニコラス・エルモシュキンとピョトル・イグリコフスキは最近の著書『東経40度　ウオッカの解剖学 *40 Degrees East: An Anatomy of Vodka*』（２００３年）のなかで、ロシア人とポーランド人は一般的に3回以上蒸溜したウオッカは好まないと主張している。ほのかな風味を残すために、多くの小規模メーカーは、大量生産を行なうメーカーの好むコラム・スチルの代わりに、密造者が使うようなポットを使用する。アメリカには、ウオッカの特徴を際立たせるために小麦やライ麦本来の香りを意図的に残しているウオッカメーカーもある。

◉フレーバー

ウオッカメーカーはアルコールを望ましい純度まで蒸溜し、望ましい強さまで稀釈すると、最後の決定を下さなければならない。フレーバーを添加するかどうかだ。この大昔からの習慣は、もとは残存する臭いを隠すために、とくに比較的小規模な製造者の間で行なわれていた。彼らが蒸溜した製品は、一般的に無味無臭とはほど遠かったからである。たとえば１８６０年代にロシア王室御用達（ごようたし）だった有名なスミノフ蒸溜所は、口当たりをよくするため、ウオッカにアニスと卵白を添加していた。さまざまなフレーバーは、ウオッカそのものに隠すべき風味がなくても、大衆を魅了し続けた。しかしポーランドとロシアには、ベースとなる穀類やジャガイモの自然な香りがかすかに残っているものこそ最高のウオッカだと主張する消費者が多い。ゆえにこういった消費者向けの製

ファユール・ソユーズ・ウオッカ蒸溜所。この近代的な工場はロシア、北オセチア・アラニヤ共和国のベスランにあり、手仕上げだが1時間に1万2000本を製造している。

品には、フレーバーを添加する必要がない。しかし逆に、自分で好みの香りをつけられるように、あえて無香のウオッカを買う人々もいる。

◉ウオッカの品質

ウオッカに香りづけがされているいないにかかわらず、品質を判定するための一貫した国際基準は存在しない。ポーランドはウオッカをその純度によって、スタンダード（ズヴィクワ）、プレミアム（ヴィヴォロヴァ）、デラックス（ルクスソヴァ）に分類している。ロシアの場合、スペシャル（オソーバヤ）はふつう輸出に値する上質の製品を意味する。一方、ストロング（クレープカヤ）は、アルコール度数56パーセント以上のウオッカを意味する。アメリカ政府はウオッカを単純に「無色のスピリッツ。つまり蒸溜された、あるいは蒸溜後に木炭その他の物質で処理されたも

アラスカで造られたウオッカ、パーマフロスト。もっとも純粋な氷河の水が使用されており、それゆえに最高品質だと広告で強調されている。

の。際立った特徴、香り、味わい、色のないもの」と定義している。ウルトラプレミアム、またはスーパープレミアムと称するブランドは、蒸溜と濾過をさらに何回も繰り返し行なっている場合が多く、その結果、ストレートで飲める上品なウオッカができあがる。こういった製品は一般的に凝ったボトルに詰められ、プレミアムブランドの1・5倍から2倍の価格で販売されている。

　多くのウオッカメーカーは、高品質な製品ができあがるのは、蒸溜後、アルコールを稀釈する水のおかげだと主張している。蒸溜水や脱イオン水「イオン交換樹脂などによってイオンを除去した水」が使われることが多いが、理想は澄んだ湖や氷河の水だ。また、ウオッカそのものはふつう熟成させないが、「熟成した」水を使用していると誇るメーカーもある。ジャガイモを原料としたアラスカのウオッカ「パーマフロスト」は、プリンスウィリアム湾の1万年前の氷河の水を使用している。一方、カナダのウオッカ「アイスバーグ」に使われているのは1万2000年前にできた氷山だ。メーカーはこれこそもっとも純粋な水だと宣伝している。それをさらに超えたのが、「26000」というウオッカだ。その「愛情をこめて造り上げた」手詰めの製品には、2万6000年以上の歳月を経たニュージーランドの地底湖の水が使われている。

要するに、ウオッカの口当たりのよさと味わい、あるいはまったく味がないのは、ベースとなる原料、蒸溜のプロセス、とくに濾過の回数と方法、エタノールを稀釈するのに加えられる水の純度、さらにはどのようなフレーバーを添加するかで決まる。しかしどのような原料、工程を理想と考えるか、そして最終的にどの製品を選ぶかは、厳密には個人的な好みの問題だ。

第2章◉飲む以外にも役立つ

◉万能薬

ウオッカは今でこそ社交の場でよく飲まれているが、最初から気晴らしのための飲み物だったわけではない。何世紀も前に修道士によって霊薬（エリクサー）として造られ、とくにロシアでは長く医療目的で飲まれてきた。

ニコライ・ゴーゴリは１８３５年の『昔気質の地主たち』に、ウオッカの薬効に絶大な信頼を寄せる夫人を登場させている。

プリヘーリヤ・イヴァーノヴナは、ザクースカ（前菜）のテーブルに客たちを上機嫌で案内した。「さあ、これがね」彼女はフラスコ瓶の栓を抜きながら言うのだった。「オトギリソウとセー

カナダのウオッカ、シグネチャー。清浄な泉の水で造られ、二日酔いを防ぐために抗酸化剤が加えられている。

ジを漬け込んだウオッカです。背中や肩甲骨が痛むなら、このウオッカがよく効きます。こちらのウオッカはヤグルマギクで造ったんですよ。耳鳴りがしたり顔に水疱ができたりしたら、これがぴったりです。それからこれはモモの種から蒸溜したものでね。グラスをお取りになって。なんていい香りでしょう！　寝床から起き出すときに食器棚の角やテーブルに頭をぶつけてこぶができたら、食前に一杯飲んでごらんなさい。あっという間にこぶがひっこみますから。あとかたもなくね」

ソヴィエト時代には、ウオッカはしばしば万能薬として提供された。背の高いグラスにブラックペッパー小さじ2杯を入れたウオッカを飲めば、風邪に効くと広く信じられていた。今日でも、カナダのシグネチャー社はクルクミン酵素入りの透明な蒸溜酒を製造している。クルクミンはターメリックに含まれる成分で、さまざまな医療効果があると広く信じられている。

しかしウオッカを治療に活用するといっても、伝統的な用法のほとんどは、飲んで治すといったたぐいのものではない。私の友人がおもしろいエピソードを教えてくれた。1981年当時、彼は大学院生でボストンに住んでいたが、あるときひどい耳感染症にかかってしまった。それを知った近所の亡命ロシア人が、治療してやると言ってやってきたのだという。

ソ連の民間療法はこうだ。ウオッカを沸騰させ、そのなかに厚い綿ガーゼを浸す。それをワックスペーパーで包み、痛むほうの耳に押し当て、厚手のウールのスカーフで頭をぐるぐる巻きにし、あごの下で結ぶ。ウオッカの蒸気が耳のなかにきちんと浸透するように、2時間ごとに同じ処置を繰り返さなければならない。あの日が耐えがたいほど暑くなければ、ぼくもロシア人の言う通りにしたかもしれない。効果のほども知りたかったしね。だけどスカーフがあまりにむずむずして気持ちが悪かったので、長時間がまんするなんてとても無理だった。だからロシア人が帰って1時間もすると、ぼくはスカーフをはぎとってベッドから逃げ出すことにした。医師が処方してくれた抗生剤のおかげで、痛みはまもなく治まった。ようすを見るために翌日ロシア人が訪ねてきたとき、ぼくは断言したよ。ウオッカの染み込んだヘッドドレスが魔法のように効いたってね。そう言わなきゃおさまりがつかなかったから。

ソ連ではウオッカが放射性元素の吸収を防ぐと広く信じられていて、予防薬としても使用された。1986年のチェルノブイリ原発の爆発後、ウクライナでは多くの人がウオッカを飲んだ。有害な影響を防いでくれるようにと願ってのことである。少なくとも、「ドクトル」という名のウオッカは治療効果をラベルに謳（うた）っている。

今日でもロシア人や東欧人は、ウオッカをさまざまな家庭薬として利用している。ヘルペスを消すのに使う人もいれば、のどの痛みを鎮めたり歯痛をやわらげたりするためにウオッカのお湯割りでうがいをする人もいる。患部が殺菌されると信じているのだ。

しかしウオッカを健康目的で使用するのは、ロシア人だけではない。カンザス州トピカにあるグレース大聖堂のスティーヴ・リプスコム師は、インフルエンザウイルスが拡散しないよう、聖杯を使うたびにウオッカに浸したガーゼで拭く。彼はこう説明している。「80パーセントのアルコールで拭けば、おそらくまあ、安全と言っていいでしょう」。キャンプをする人たちは手元にウオッカがあれば、道具の殺菌や、犬やクラゲなど友好的とは言い難い生き物に負わされた傷の消毒に使用

スロヴァキアのウオッカ、ドクトル。赤十字のマークは薬効を示唆している。チェルノブイリの住民は原発事故のあと、放射線の影響を弱めるためにこのウオッカを飲んだと言われている。

できる。虫を撃退したり毒のあるツタが原因で起こるかゆみを鎮めたりするのにウオッカを使う冒険家もいる。

ウオッカに浸した洗面タオルを胸に当てると解熱に役立つという者もいる。植物学者はラベンダーの小枝を瓶に入れてウオッカを満たし、数日のあいだ日に当てておけば昔風の湿布薬になると推奨している。できあがった薬はさまざまな痛みを緩和するとも言われている。フリーザーバッグに水とウオッカを同量ずつ入れて凍らせれば、氷嚢（ひょうのう）にもなる。

◉衛生用品

ウオッカは衛生用品としても使うことができる。顔の油分を取り毛穴を引き締める収斂剤（しゅうれんざい）として使う女性もいる。ウオッカをベースにした顔やボディ用のスクラブローションも販売されている。粉末シナモンを混ぜて漉せば、さわやかなうがい薬にもなる。自分だけの香水を作りたければ、手持ちの瓶にウオッカを30ミリリットル入れ、オイルエッセンスを20滴から30滴加えて数週間寝かせるとよい。足の臭いを消すには、稀釈したウオッカに足を浸すと効果がある。かみそりの刃をウオッカ溶液に漬けておくと、さびが防げると言われている。メガネやアクセサリーもウオッカ溶液できれいになる。ウオッカをお気に入りのシャンプーに加えれば、髪に残ったせっけん分を取り除いてくれる。ふけとりには、ウオッカ溶液にローズマリーを浸し、数日間寝かせたのち濾過して頭皮につけるのがおすすめだ。

壮麗なボリショイ劇場のメインステージ。この文化の殿堂は老朽化が進んだため2005年に閉鎖され、修復された。華麗な装飾に再び金箔をかぶせるために、修復師たちは卵、金箔、ウオッカからなる中世の調合法を使った。

ウオッカは家事にも役立つ。水で薄めてスプレーすれば、ガラスやクロムメッキを施したもの、たとえば鏡やセラミックタイル、シャンデリアなどがきれいになる。２０１１年にはロシアの中世の調合法をもとに、約１５０人のメッキ職人がウオッカと金箔と卵白を使ってモスクワの有名なボリショイ劇場を修復した。

◉洗浄剤

しかしもっと一般には、ウオッカ溶液は洗浄剤として使用される。バスルームのコーキングのカビを取り除いたり、カーペットの泥や草のしみを取り除いたりする力があるのだ。溶液が乾いたら、掃除機で吸い取ればよい。ウオッカは点火プラグについたすすを取り除くことさえできる。また、服についたしみや臭いをとることもできる。ウオッカ溶液を気になる場所にスプレーするだけだ。サンフランシスコのオペラハウスの衣装係は、衣装を使うたびにこの方法できれいにしているという。

ウオッカ溶液の用途は非常に広範囲に及ぶ。クリスマスツリーの根元にやる水や花瓶の水にウオッカと砂糖を加えると、植物の持ちがよくなると考えられている。ノルウェーの芸術家、ヴェビョルン・サンドは、絵描きならではの独創的なウオッカの使用法を考案している。南極に行った際、彼は戸外の風景を描こうとしたが、水彩絵の具が凍ってしまって使えない。最終的に、ロシア人ガイドの熱心な勧めに従って少量のウオッカを加えたところ、たちどころに問題は解決したという。彼は今ではその画法を「ウオッカカラー」と呼んでいる。

●貨幣

２００９年にはあるアメリカのブロガーが、ドルが破綻した場合の対処法について考察している。彼の友人はそのような緊急事態に備えて、交換手段としてのウオッカの小瓶をすでに買いだめしているのだという。上出来なアイデアと言いたいところだが、さほど革新的なわけではない。ウオッカを貨幣代わりにする習慣は、旧ソ連内では帝政時代から近年までの長きにわたり当たり前に続けられていたからだ。これはアメリカ先住民族がビーズをお金代わりにしたのによく似ている。

帝政ロシアでは、雇用主が労働者への賃金を瓶入りウオッカで支払うのがあまりにも常態化していたので、政府はこれを禁止した。それでも蒸溜所は労働者（子供も含まれた）に給料の一部として、あるいはよく働いた褒美（ほうび）として、ウオッカを配り続けた。労働者の側でも、職場環境の改善を

1894年から造られているロシアのウオッカ、モスコフスカヤ。この年、国家によるウオッカ専売が開始された。

願って上司にウオッカを贈ることがあった。

第1次世界大戦開戦から間もない1914年8月、皇帝ニコライ2世は兵士たちをしらふで戦わせるためにウオッカを禁止したが、そのようにウオッカが不足したときや、あるいは戦後ロシアを苦しめたハイパーインフレのような経済混乱の際には、貨幣よりも密造酒やパン、そしてとくにウオッカが交換手段として好まれた。ウオッカはなにしろ持ち運びできるし、日持ちがするし、そしてなにより需要の高いものだったからだ。第2次世界大戦中、とくにドイツに包囲されて飢餓状態に陥ったレニングラード［現在のサンクトペテルブルク］でも、パンとウオッカは主要な通貨となった。

ソヴィエト時代には、ウオッカは比較的安価で量も豊富にあった。1960年代に庶民の手に入るウオッカは、2・87ルーブルの「モスコフスカヤ」の半リットル瓶か、もう少し上質な3・12ルーブルの「ストリチナヤ」だった。入手できないこともないが供給量が少ないのが「ズブロッカ」（バイソングラスを漬け込んだウオッカ)、「ポリンナヤ」(ニガヨモギを漬け込んだウオッカ)、スタルカだった。「スタルカ」は約10年間オークの樽で寝かせた、めずらしいウオッカのひとつである。

それでも消費物資の不足を考えると、ソヴィエトの労働者はルーブルよりも、上質なウオッカで支払われるほうを好んだ。実際、チップを意味するフレーズ、「ナチャイ」(na chai)は、「お茶代」という意味だが、ロシアではいつの時代でも、お茶代はウオッカ代を意味することが多かった。モスクワのウオッカ博物館によれば、シベリアではかつて——もちろんある限られた期間だが——ウオッカのラベルまでもがキャッシュとして使われたという。

もっと最近の話では、チェチェン独立派の兵士たちが銃弾や銃と引き換えにウオッカをロシア兵に渡している。このウオッカの一部には、敵を失明させるために漂白剤が混入されていたという。ロシアの墓掘り人は故人をしのんで乾杯するため、今も報酬としてウオッカを受け取ると言われている。

ラジオ・フリー・ヨーロッパおよびラジオ・リバティー[アメリカ議会が出資するラジオ放送と報道の機関]で原稿を執筆していたロバート・パーソンズによると、2006年8月、タタールスタン共和国でウオッカ販売を許可制にする法律を通過させたところ、深刻なウオッカ不足に陥ったという。事実上、小さな商店やスタンドが事業から追い出される形になったからである。とくに小さな村々では、突如ウオッカが貴重な通貨となった。ウオッカ不足が続いている間は、ウオッカで支払いをしないことには何もできなかった。

◉芸術作品としての瓶

ウオッカの空き瓶も、しだいに世界各地で活用されるようになっている。ウオッカ瓶のリサイクルでちょっとした財をなした者もいるという。２００９年10月のロシアの新聞記事によると、レオニード・コノヴァロフは、不況により世間の飲酒量が激増したことを受けて、ウオッカの空き瓶を１日平均２０００本集め（瓶1本につきアメリカの価格で6セント受け取ることができる）、成功した。彼は非常に多くの富を得たので、今では廃物ビジネスから撤退し、株式売買を始めたという（皮肉屋、とくに共産主義者は、そこにある種のつながりを見るかもしれない）。環境にやさしく、また経費も削減するために、ウィスコンシン州ミルウォーキーのグレートレイクス蒸溜所は、顧客に空き瓶を返却してもらい、洗浄後再利用している。

独特な形をしていたり、特別な材料を使っていたりするために、ちょっとした美術品として収集されるボトルもある。また、ウオッカ瓶のかけらを使った芸術作品のなかには、美術館に展示されているものもある。カリフォルニア州運輸部はスカイウオッカのコバルトブルーの瓶を砕き、サクラメント近くの5号線沿いにちりばめて華やかな景観を作っている。

美しいボトルの写真でさえ、芸術作品になりうる。印象的でときにはユーモラスなウオッカの広告は、その一例だ。アブソルートの最初の広告、「Absolut Perfection（完全無欠）」は、１９８０年に登場した。以来、１５００以上の傑出した広告が続いている。有名なところではアンディ・ウォーホルが１９８５年にアーティストとしては初めてアブソルートとコラボレーションしているし、ごく最近の広告にはアメリカの映画監督スパイク・ジョーンズが参加している。

アブソルートの有名なシリーズ広告に露出度の高い姿で登場した最近のスターは、ケート・ベッキンセールとズーイー・デシャネルだ。これは写真家のエレン・フォン・アンワースが撮影を担当した。ブランドを有名にしてくれたすべての芸術家を記念して、アブソルートは、さまざまな芸術を融合させ創造性を探求した国際的若手芸術家に毎年アート・アワード（1万５０００ユーロと、アブソルートのプロジェクトとコラボレーションするチャンスが与えられる）を授与している。アブソルートのために製作された約８００点の芸術作品が、ストックホルムにあるワインと蒸溜酒の歴史博物館に収蔵される。

アブソルートと同じプロデューサーによるスーパープレミアムウオッカ「レベル」のために、服飾デザイナーで芸術家でもあるフセイン・チャラヤンはやわらかい革の手すりのついた、長さ15メートル、高さ5メートルのトンネルを作った。参観者は目隠しされてこのトンネルを歩き、レベルのボトルで作ったフルートの音色に耳を傾け、ウオッカの香りをかぎ、レベルに浸るこの経験を終えたのち、最後にウオッカを味わう。

多くのウオッカファンはボトルを収集する。このポーランドのウオッカ通は、さまざまなミニチュアボトルを専門に集めている。

第3章◉ウオッカ、この恐るべきもの

◉アルコール中毒

ウオッカは飲料として、そして万能薬として大いに魅力的だが、非常に危険で破壊的な力も秘めている。アルコール中毒は世界中で切迫した問題となっており、ウオッカもそこに少なからず関与していることは否定できない。トロント大学の最近の研究によれば、世界の25人にひとりがアルコールの過剰摂取で亡くなっているという。ロシアでは、ウオッカの飲みすぎが「人口危機」、つまりとくに労働年齢の男性の高い死亡率や少子化と関連づけられている。

間違いなく、問題の多くはロシア人がウオッカの危険性に鈍感になりすぎていることにある。『ロシアのウオッカ *Russian Vodka*』の著者であるサンクトペテルブルクのヴィタリー・クリチェフスキーは、この強い酒に関係した3828の言葉や表現について検証している。その多くはウオッカを大量に飲むことについて非常に肯定的だ。「ウオッカは民衆の敵だが、民衆はその敵を恐れていない」とか「ウオッカは民衆の敵だ。だから敵を飲み干してやる」といった有名な言い回しもある。

しかし、もちろん、ウオッカの飲みすぎが引き起こす影響は笑い事ではない。かつてはウオッカを人口増加に役立つ媚薬として歓迎するポーランド人もいたが、実際にはウオッカで寿命が縮まる可能性のほうが高い。

たしかに、アルコール依存症の原因となるのはウオッカだけではない。ロシアの多くの若者は、まるで水でもあるかのように、昼夜を問わずビールの大瓶を持ち歩いている。一部の専門家によると、若者はビールなどのアルコール度数の低い酒を大量に飲んでいるという。現在、ロシアの若い男性の約3分の1、若い女性の5分の1が毎日あるいは1日おきにビールを飲んでいる。

平均して、毎年ロシアでは市民ひとりあたり、ビール81リットル、ウオッカ、コニャックその他

16世紀半ば、イヴァン4世（雷帝）は権力を強化するため、自分の熱烈な支持者以外にはウオッカの入手を制限した。このロシアのブランドは、その時代の魅惑的なレシピに基づき、ソバのハチミツとシベリアのヒマラヤスギの実を漬け込んでいる。

パック誌の表紙。1904年に継続中だった日露戦争のようすを描いている。ジョン・ブル（イギリス）とアンクル・サム（アメリカ）が驚きながら傍観するなか、ウオッカのジョッキを持った酔っぱらいの巨人（ロシア）が、カリバチ（日本）を殺そうとしている。ロシアにとって日本との戦争が賢明ではなかったことを示唆している。

の強いアルコール飲料14・3リットル、ワイン6リットル——計101・3リットルの認可を受けたアルコール飲料、つまり18リットル分の純正アルコールが購入されている。「赤ん坊も含めたロシア市民ひとりひとりがウオッカ約50本を消費している計算になる」とロシア大統領［当時］ドミトリー・メドヴェージェフは嘆く。「これは恐ろしい数字だ。9リットルから10リットルで遺伝子プール［生物集団が有する遺伝子全体］に問題が生じ、劣化が始まる」

●さまざまな対応

2011年、メドヴェージェフは事態が「国全体に及ぶ危機的状況」にあると宣言し、ロシアで、とくに若者の飲酒を減らすべく、さまざまな対策を行なうと述べた。たとえば、飲酒年齢を21歳に引き上げる、未成年者にアルコールを販売した者への刑事罰を厳格化する、学校、保健施設、スポーツセンターから一定の距離内にあるスーパー、カフェ、レストランでのアルコールの販売を禁止する、といった措置だ。もしこういった法律が制定されれば、現在アルコール度を高めたビールその他の強い酒を販売している何千もの町の小さな売店は取り締まられることになる。

ほかにも、品質基準の厳格化、増税、とくにウオッカへの税金を上げる、といった対策がよく話題になる。現在、ロシアで消費されるウオッカのほぼ半分は密造酒で、よって品質も怪しい。しかし、ウオッカの半リットル瓶の最低価格を89ルーブル（約3ドル）に値上げするという案は、ロシアの大衆には受け入れられない。

ロシアで消費されるビールの約3分の2が外国産であることを考えれば、政治的にやや好ましいのは、ビールへの税金を２０１１年に11パーセント、２０１２年に20パーセント、と段階的に上げていく案だ。だが懸念を示す者もいる。ビールとウオッカが同じくらいの価格ならむしろウオッカを飲もうという消費者が増え、結果的にアルコールが過剰摂取されるだろうと彼らは言う。

強い酒は高級ウオッカしか飲まなければよいと示唆する者もいる。ウオッカが高級であればあるほど飲みすぎなくなるだろうし、上質のウオッカは一般に飲みすぎても比較的害が少ないからだという。この説はロシアでは広く受け入れられているようだ。高級レストランのなかには40種類もの高級ブランドを取り揃えているところもある。ヴォルガ川にほど近いウグリチのウオッカ博物館の目的は、酒ならなんでもいいと見境なく鯨飲（げいいん）するのではなく、上質なウオッカの味がわかるようロ

20世紀初頭にロシアで使われた密造用器具。ロシアの民衆は今日までの長きにわたり（とくに飲酒が禁じられていた1914 ～ 25年には）簡単な道具でウオッカを密造してきた。

シア人を教育することにあるという。

現在のアルコール危機に対する可能な対処法のひとつは、1992年にボリス・エリツィンが廃止したウオッカの政府専売制度の復活だろう。その見通しに、とくに役人は関心を持っている。ガスや石油の輸出による歳入が減少しているからだ。彼らの口実は、間違いなく、1894年の場合と同じだ。ウオッカの品質を維持するため、過剰摂取を抑制するためである。しかしその結果、またもやアルコール依存症が増加するかもしれない。価格が安く品質がよいなら、ますますウオッカ人気が高まるからだ。国は歳入を増やすために販売をさらに促進するかもしれない。そしてもし現在の指導者たちが、1914年のニコライ2世、1985年のミハイル・ゴルバチョフのように、密造者を厳重に取り締まったり、

ソ連の禁酒のポスター。極度のアルコール依存症はソヴィエト時代を通じて慢性的な問題であり続けた。禁酒奨励のため、政府は腕利きのグラフィックデザイナーに反アルコールポスターの製作を依頼した。このポスターは飲酒と生産性の相反する関係を描いている。キャプションの意味は「ウオッカの友は組合組織の敵」。

もっと極端に、アルコールの禁止といったたぐいの措置を講じたりすれば、彼らは瞬く間に政権の座を失うことになるだろう。

それゆえ、ウオッカはジキルとハイドであり続ける。ウオッカは奇跡的とは言わないまでもすばらしい飲み物を世界に提供してくれる存在だが、同時に、夢中になりすぎた者には恐ろしい代償を強いるのだ。

第4章◉ウオッカの起源

ウオッカは何世紀も前に東欧で生まれた。現在のロシア、ポーランド、ベラルーシ、ウクライナのあたりだ。こうした厳寒の地ではブドウを栽培できなかったため、人々は安価で豊富な小麦から新たな酒を造り出そうとした。アクア・ヴィタエ（命の水）［ヨーロッパで薬としても使われていた蒸溜酒］やワインに匹敵するアルコール飲料だ。最初に蒸溜したのは、おそらくロシアとポーランドの修道士と思われる。彼らはこの刺激的な飲料を、当初薬（鎮痛剤、麻酔剤、塗布薬、殺菌剤）として使用するために調合した。

15世紀には、ライ麦、カラス麦、大麦、ソバの実といった他の穀類から蒸溜した新たな種類のウオッカが登場した。そして技術が向上するにつれ、ウオッカの不快な臭いを抑えたり、ハチミツ、果物、スパイス、ハーブ、ベリーを漬け込むことで、残存する不快な味を消したりできるようになっ

ウクライナのウオッカ、フリーブニ・ダル（「小麦の贈り物」の意）。キエフの空港ではおしゃれな陳列に誘われ、旅行客が免税品を買い求める。

た。それでウオッカの薬効が増したわけではないものの、口当たりがよいため、当然、人気の飲み物になっていった。

16世紀には、さらに多くの香味料が使われるようになった。コショウ、マツムシソウ、カノコソウの根、ビャクダン、金箔、アニスなどだ。ポーランドだけで、少なくとも72のハーバルウオッカがあった。ズミヨーフカと呼ばれる毒ヘビを漬け込んで造ったものもある。一方、ウオッカの消費はバルト海諸国、スカンジナビア諸国、フィンランド、アイスランド、グリーンランドといった北欧全域に広まった。

数世紀の間、ウオッカはおおむね北の地方だけで飲まれていた。しかしその魔力をいつまでもその地域内にとどめておくことはできなかった。19世紀以降にはウオッカは着実に南に伝わり、さらには遠く東や西へと広がっていった。今日では、地球上のいかなる場所にもウオッカがあると言っても過言ではない。

◉起源論争

ウオッカが世界中で飲まれるようになると、ナショナリズムの気運が高まるロシアとポーランドの間でウオッカをめぐる議論が再燃し、長く続く論争へと発展した。この強くて愉快で、ときには有害な飲料が誕生したのはふたつの国のどちらか、というものだ。ロシア人は自分たちこそが生みの親だと誇らしげに宣言した。ウオッカという言葉はロシア語で水を意味する「ヴァダー（voda）」から来ているというのがその理由だ。ポーランド人も当然反論する。「ヴォトカ（wodka）」はポーランド語で水を意味する「ヴォーダ（woda）」から生まれた語で、まぎれもなく自分たちの生み出したものだと。スコット・シンプソンは、現在あるようなアルコール飲料を指す言葉としては、ポーランド語のヴォトカ（wodka）のほうが、ロシア語のヴォトカ（vodka）よりも早く使われるようになったと主張している。ポーランドのウオッカ「ソビエスキ」は広告で次のように宣言している。

告。さらば、妄想。
ウオッカはポーランド生まれである。
ロシアよ、悪く思うな。

ソビエスキの広告。ウオッカの真の発祥地についてロシアを挑発している。長年続く論争が決着を見ることはないかもしれない。

実際、一部のポーランドの歴史家は、ウオッカと言えるものが最初にこの国に現れたのは11世紀だと主張している。ゴシャウカと呼ばれるこの酒の語源は、「燃える」を意味するポーランド語の動詞だ。アルコールは火をつけると燃えるからだ。しかしロシアの歴史家は、ゴシャウカが本物のウオッカではなく、アクア・ヴィタエのような、もっと原始的な蒸溜酒だったと主張している。

実のところ、15世紀よりもはるか以前にどちらの国で本物のウオッカが生まれたかを判別するのは困難だ。ロシアの歴史家、故ヴィリヤム・パフリョプキンはモスクワ近辺にウオッカの起源をたどり、次のように断言している。「穀物の蒸溜酒、つまり本当に新しい蒸溜酒は、14世紀後半より早くには誕生し得なかった」

それでも、ポーランド人が15世紀までに自分たちの造ったウオッカを飲んでいたことは疑いようがない。しかし同時代にロシアにウオッカ製品があったという反駁できない証拠があるので、どちらが先かは不明瞭なままだ。ポーランド人でもロシア人でもない第三者がウオッカをこの地域一帯に持ち込んだという別の可能性も排除できない。ロシアの傭兵となった西欧人がウオッカを自分用に持ち込んだという説もある。彼らがひそかにウオッカを楽しんでいるのを知ったロシア人が、造り方を教わったというのだ。

いずれにせよ、外国人が蒸溜技術をロシア人とポーランド人の両方に教えた可能性は非常に高い。指導にあたったと考えられるのは、まずはハンザ同盟のドイツ商人たちだ。彼らは1259年にロシア北西部のノヴゴロドに交易所を設立している。また、ジェノヴァ人入植者が14世紀にクリミアに定住し、アクア・ヴィタエを持ち込んでいる。タタール人が醱酵製品の蒸溜法をロシア人に教えたという説もある。

ウクライナ人もウオッカを初めて造ったのは自分たちだと主張している。早くも15世紀にウクライナで蒸溜が行なわれたことを示す考古学的証拠があるという。たしかに、当時この地域は最大の穀類生産地だった。ウオッカが最初に造られたとしても不思議ではない。当時も現在も、この酒はホリルカという名で知られる。ポーランド語のゴシャウカやベラルーシ語のハレルカ同様、これもまた「燃える」という動詞が語源だ。

おそらくわれわれが起源論争から間違いなく推察できるのは、西欧人が蒸溜された飲料を東に持ち込み、それがきっかけとなってウオッカが生み出されたのだろうということくらいだ。実際、東欧でウオッカは発展し、逆に西欧に輸出されるようになった。

アラスカ蒸溜所で造られたウオッカ、ファイヤーウィード。熟練職人の手になるフレーバードウオッカのひとつ。カラフルなカクテルを好む現代の消費者に人気がある。

◉世界をリードしたポーランドのウオッカ

ウオッカ発祥の地であるかどうかはさておき、ポーランドが長くウオッカの発展と普及に重要な役割を果たしてきたことは間違いない。１５３４年、ポーランドのある植物学者がヴォトカの効能を称賛し、性欲増進と受精率向上に役立つと指摘している。16世紀初頭には、ポーランドの蒸溜家がウオッカの輸出を開始した。ポズナンやクラクフが国産ウオッカ製造の中心地となり、その後グダニスクが最終的に追い越した。１６２０年には数多くのポーランドの都市がウオッカの蒸溜によって繁栄していた。グダニスクでは、その年だけで68の製造免許が発行されている。

ポーランドの蒸溜家は新たな製造技術と風味も開発した。１６９３年、クラクフを本拠地とする蒸溜家のヤクプ・カジミエシュ・ハウルは、伝統的な小麦からではなくライ麦から造るウオッカの製法を発表した。また19世紀初頭には、豊富なジャガイモを原料としたウオッカが製造されている。１８３６年にはオーストリア領となっていたガリツィアだけで４９８１の蒸溜所が繁盛していた。１８４４年にはさらに２０９４の蒸溜所が、ロシア領となった旧ポーランド王国で稼働している。ポーランド貴族も所領でのウオッカの蒸溜に力を入れた。

もちろん、ポーランドのウオッカ産業がつねに成長し繁栄を享受していたわけではない。１８４３年から１８５１年にかけてはヨーロッパにジャガイモの胴枯れ病が蔓延し、生産が激減した。そして１８７０年代、ロシアが自国内で販売されているポーランド産ウオッカに法外な物品税を課して

バイソングラス・ウオッカのラベル。ポーランド人とロシア人が好むこのバイソングラスを漬け込んだウオッカは、男性の性的能力を高めると言われている。実際は、バイソングラスに抗凝血作用があるため、輸出業者は製法を改めることを余儀なくされている。

ズブロッカ。バイソングラスを漬け込んだポーランドの人気ウオッカ。黄色味を帯びており、氷とともに供される。女性受けすると言われている。

製造を抑えたため、ポーランドでも最大の、そしてもっとも効率のよい蒸溜所以外はすべて廃業に追い込まれた。

しかしその後ポーランドのウオッカ産業は盛り返し、量においても技術の進歩においても、世界のリーダーとなった。もっとも人気の高いもののひとつが、ズブロッカだ。これは昔の飲料から派生したバクズ・バイソングラス・ウオッカである。バイソンは雄牛と同じく力強さの象徴で、この黄色味を帯びた飲み物で男性の性的能力が高まると力説する者もいる（皮肉なことにポーランド人男性は、これを女が飲むものだと言って飲まないそうだ）。何十年もの間、アメリカ当局はこのウオッカの輸入を阻んできた。媚薬ではないかと懸念してのことだろう、あるいは、バイソングラスに含まれるクマリンには抗凝血（こうぎょうけつ）作用があり、人体に有害である可能性を否定できないからかもしれない。輸入禁止は結局２００９年に解除されたが、アメリカの出生率向上にこの飲料が拍車をかけるかどうかは現時点では不明だ。

ロシアのウオッカ産業も、長い年月の間に途方もない成長と多様化を遂げた。19世紀には、ロシアの主婦はウオッカを手作りするのが当たり前になり、多くの家庭が今日も自家製ウオッカを造り続けている。他の地域と同じく、ロシアの蒸溜所も大規模化、機械化が進む傾向にあるが、その一方で、職人が造った上質なウオッカは国の誇りであり続けている。また脱税を続ける小規模密造者も、完全に姿を消したわけではない。

第5章◉ウオッカとロシアの皇帝たち

◉皇帝たち

以来ウオッカはロシアに定着し、ウオッカ産業が成長し始めると、国は再三にわたり、製造を管理し消費税をかけようとした。1474年、イヴァン3世(1440〜1505)は初めてウオッカの専売制を敷いた。彼が「大帝」と呼ばれるのはモスクワ大公国の領土拡大に成功したからだが、戦費の多くをウオッカの税収でまかなっていた(もっとも、彼はウオッカの生産量を制限すれば簡単にアルコール依存症を抑制できると誤解していた)。

後継者イヴァン4世(雷帝。1530〜1583)も、活況を呈するウオッカ産業を支配すれば権力を強化できると考えていた。彼は貴族を権威への脅威とみなしていたため、古くからの貴族に取って代わる新たな特権階級、オプリチーニキを作り出した。忠誠を確かなものにするため、イヴァンは彼らに土地を与えるだけでなく、貴重な酒を飲める独占的な権利を与えた。1544年、オプリチーニキ専用の、強い蒸溜酒を飲ませる8軒の酒場（カバキ）を誕生させたのである。しかし彼らが命令に背けば、その権利も奪われた。

ロシアにおいて、ピョートル大帝（1672〜1725）ほどウオッカの力を理解していた支配者はいない。彼はこの酒を忠実な支持者への褒美としてだけでなく、敵を征服し敵を罰するのにも利用した。外国からの客人にしつこくウオッカを勧めては、彼らの口を軽くさせた。しかし強い酒に慣れていないため、すぐに意識を失ってテーブルに突っ伏す者や、ぽっくり死んでしまう者もいた。彼はまた敵にウオッカを浴びるほど飲ませた。この酒を外交官希望者を試すのにも使った。バケツ1杯分のウオッカを飲んだあとでも分別ある話のできる者だけが外国勤務を許された。

1695年、ピョートルは「全冗談全酩酊狂気公会」を結成する。彼自身のウオッカへの渇望を満たすためでもあった。会員に課した最初の掟（おきて）は以下の通り。「毎日酔っぱらうこと。けっしてしらふで寝てはならない」。ピョートルはウオッカで酔ったあげくの悪ふざけを見て楽しむだけでなく、パーティー、パレード、ものまねによろこんで参加もした。あるとくに不敬な寸劇ではピョートルが身分の低い助祭に扮し、道化師が教皇を、10人以上の酔っぱらいが枢機卿を演じた。ウオッカは聖水とされ、合唱団は聖歌の下品な替え歌を大声で歌った。ピョートルが比較的若い53歳という年齢で亡くなったのは、間違いなく過度の飲酒が原因だろう。

18世紀末になるとエカチェリーナ2世（1729〜1796）のおかげで、農奴も含め、民衆はしだいにウオッカを口にできるようになっていった。女帝がウオッカの専売制を廃止し、安価な公定価格でウオッカを製造販売する許可証を限定数競売する政策に転換したからだ。しかしその結果、入手しやすくはなったものの、ウオッカの全般的な品質はしばしば損なわれた。ウオッカの製造者は、先払いした多額の税金を取り戻すために、ウオッカに可能な限りの混ぜ物をして販売したからである。

●農民たち

農耕が重労働だったことを考えると、一般民衆が酒を飲む機会は比較的限られていた。ロシアは寒冷な気候のため、作物を育てられる期間は短い。農民（1861年に解放されるまでは農奴）はつねに時間との競争で土地を耕し、種をまき、穀物を収穫した。あるアメリカ人旅行者が1880年の夏に記しているように、彼らの毎日は長く難儀だった。「農夫たちは長い列を作り、夕闇のなか、畑から8時半か9時頃に戻ってくる。そして朝の4時から働き始める」。農繁期には飲酒する時間も資金も、ほとんどなかった。

収穫した穀物を地主の倉に納め、賃金を受け取ったあとでさえ、祭日のような祝いのときまで飲酒をがまんすることが求められた。その機会は当然、晩秋から早春の農閑期に集中していた。

とはいえ、農民はなにかと理由をつけては大量のウオッカを飲んだ。事実、彼らのどんちゃん騒ぎはすでに帝政時代には社会問題となっていた。小説ではあるが、アントン・チェーホフの作品に

ナターリヤ・ゴンチャロワ「酒瓶を持つ農夫 *Peasant with Flask*」。ロシアの前衛画家ゴンチャロワは1917年の革命後、フランスに亡命し、セルゲイ・ディアギレフのバレエ・リュスの衣装をデザインした。この絵は1914年にパリで上演された「金鶏」のためのもの。

登場するジューコヴォ村も、さほど異常ではないのだろう。チェーホフは村人が酒を飲むようすをあからさまに描写している。

聖イリヤ祭に彼らは飲んだ。聖母被昇天(ひしょうてん)祭(さい)にも飲んだ。十字架挙栄祭(きょえいさい)にも飲んだ。生神女庇護祭(しょうしんじょひごさい)はジューコヴォ村では教区の祝日にあたり、村人たちにとっては三日間飲み続ける絶好のチャンスだった。

誕生、洗礼、結婚、葬式、あるいは息子の入隊といった人生の重大事があれば、酔っぱらうためのさらなる名目となり、長く暗い冬の間にこういった行事があると、とくに歓迎された。商取引の契約や、友人や家族のたまの訪問にも、ウオッカによるもてなしは欠かせなかった。

アメリカの長老派教会のある牧師は、1880年頃にロシアを訪問した際、こう述べている。

酩酊は人々の大いなる悪習だ。ヨーロッパ大陸のどこよりも多くの酔っぱらいをロシアで見かけた。あらゆる年齢層の男たちの痛ましいようすを見ずには、一日とて過ぎない。彼らはすでにアルコール中毒になっているか、どうしようもなく酔っぱらっているかのどちらかだ。人々は強い酒を好み、下層階級は「ヴォトキ（vodki）」（原文のまま）と呼ばれる焼けつくような下品な酒を飲む。これは松明（たいまつ）が続けざまに喉をすべり落ちていくよりひどい味だ。

◉貴族たち

裕福な貴族や土地持ちのジェントリーも、酒を飲むのは祭日や家族の大切な行事や名誉ある客人をもてなすときに限定してはいた。しかし彼らはしょっちゅう客人を迎えていたので、酒を飲む機会もずっと多い。よく引用されることわざ、「金持ちは飲みたいときに飲むが、貧乏人は飲めるときにだけ飲む」はまさにその通りなのだろう。

当然、金持ちは最高級のウオッカを楽しんだ。貴族は自分たちが飲むウオッカの量と質が地位を表すことをよく理解していた。有力者の家ではほとんどの場合、一族のレシピにしたがったさまざまな自家製ウオッカを誇らしげに客にふるまった。当時のあるロシア人シェフが、裕福な家庭でよく使われたさまざまな香味料を書き残している。「白いオレンジ、赤いオレンジ、苦いオレンジ、ミント、アーモンド、モモ、クローブ、ラズベリー、サクランボ、バルサム、バラ、アニス、ヨモギ、金、シナモン、レモン、キャラウェイ」

ひとつ注意すべきことがある。つまみを食べずに飲んではならない。通常、主人側は着色ガラス製の精巧なデザインのデカンタから、あるいは冷やしたボトルから、装飾されたタンブラーや貴金属製の杯（チャールカ）にウオッカを注ぐ（これに対し、農民は通常もっと安い材料で作られた簡素なストープカという杯から飲んだ）。

一方客人は、ザクースカと呼ばれるさまざまな前菜を自由に取って食べる。キャビア、酢漬けニシン、スモークハム、タン、さまざまな魚の燻製（くんせい）、パン、バター、チーズ、マッシュルームと、魚やキャベツや肉を詰めた小さなペストリー、さらにはおそらくはきざんだマッシュルーム、ナッツ、タマネギの料理などだ。そのあとにぜいたくな食事が続き、全員がそれぞれの乾杯の言葉を述べながら、ウオッカを飲み干し続ける。今日も続けられている習慣だ。ワインとコニャックもふるまわれた。

アントン・チェーホフは、上流社会のロシア人がいかなる作法でウオッカを飲まねばならないかについて描写している。

座ったら、すぐに首にナプキンを巻き、それから悠然とウオッカのカラフェ［ピッチャー］に手を伸ばす。さて、貴重な酒はどんなグラスに注いでもよいというものではない……そうだ！

カットグラスのデカンタと、ブロス・クラチェフのクリスタルに銀をあしらったウオッカボトル。ロシア大公パーヴェル・アレクサンドロヴィチのために作られた。銀のショットグラスとセットになっている。1900年頃、ペテルブルク製。

アンティプ・クズミチェフの銀メッキをほどこした6つのウオッカ用杯。こういったチャールカと呼ばれる特別な杯は、富裕層が晩餐やパーティーでウオッカをふるまう際に使われる。貧乏人はもっと簡素で安価な杯を使った。

酒は銀製のアンティークのグラスに注がなければならない。祖父のものだ。さもなければ「修道士だって酒を飲む！」ときざまれた、丸みを帯びたグラスに注がなければならない。そしてウオッカをすぐに飲んではいけない。だめだ。まずは深呼吸。両手を拭き、無関心を装って天井を見上げる。そうして初めて、ウオッカをゆっくり唇に運ぶ。すると突然、火花が散る！火花は君の胃から体の一番遠いところへと飛んでいく。

●ウオッカと芸術

長年にわたり、ウオッカはロシアの社会的習慣のみならず、酒器と芸術の分野にも寄与した。酒を飲む儀式が重要視されていたとすれば、ウオッカの容器、ボトルや杯が芸術の域に達したのも当然だろう。19世紀と20世紀初頭には有名なファベルジェ工房も含め、多くの製造業者が凝りに凝ったウオッカのボトル、カラフェ、グラスを製造した。ウラル山脈やコーカサス山脈やシベリアには天然資源が豊富だったため、彼らは銀、金、軟玉（なんぎょく）［翡翠（ひすい）の一種］、ロードナイト［濃いピンク色をした鉱物］、メノウなど、貴重な素材を使うことができた。

ロシア人と在留外国人の職人は、美しいカラフェ、酒瓶、ウオッカの杯（チャールカ）を作り出した。ウオッカの杯は銀メッキした黒金（こっきん）か緑、青、サーモンピンクのエナメルで作られた。七宝焼きのエナメル、さらにはメノウ、銀、ロードナイト、レッドゴールド、イエローゴールド、透明ガ

ファベルジェのウオッカの杯。20世紀初頭のもの。皇帝や貴族用の宝石をちりばめたイースターエッグで知られるファベルジェは、精巧なウオッカ用の酒器も製作した。ウオッカを愛飲したのが農民や労働者だけではなかったことがわかる。

ラス、着色ガラスで作られたものもある。大切に使われたのであろう、精巧な装飾を施した杯もあった。純金や純銀の優美な杯にクマの爪で作った鳥の形の取っ手がついていたり、ヘビの形をした精巧な取っ手にルビーの目がはめこまれていたりする。ヘビはアルコールの象徴だったため、よくモチーフとして使われた。エナメル加工したチャールカは、無地か、あるいは花や金魚や鳥の模様がつけられていた。

ウオッカは絵画にも影響を与えている。19世紀、移動派と呼ばれる芸術家の集団が、旧式なテーマから離れ、ロシア人のリアルな生活を描写し始めた。ウオッカを飲む人々や酔っぱらった人々も題材になった。ヴァシリー・ペローフ（1834〜1882）は「修道院の食事 *A Meal in the Monastery*」で、恰

ヴァシリー・ペローフ「修道院の食事」（1865～76年）。移動派と呼ばれる芸術集団のメンバーだったペローフは、ロシアの日常生活の一場面をリアルに、そしてしばしば批判的に描いた。この絵には、恰幅のよい修道士が飲み食いするなか、ぼろを来た子供連れの男女が施しを求めるようすが描かれている。

幅のよい修道士たちが大量のウオッカとともに豪勢な食事を楽しむ――そして貧しい人々がうめき声をあげながら施しを求める――ようすを描いている。

「街はずれの居酒屋 *The Last Tavern at Town Gate*」は、雪景色のなか、居酒屋の外に停めた荷馬車を描いたものだ。荷馬車には農婦が座り、連れ合いが「帰る前に」最後のもう一杯を飲み終えるのを待っている。やはりペローフの「村の復活祭の十字架行列 *Easter Procession in a Village*」では、聖職者が酔っぱらうことに厳しい非難の目を向けている。ひとりの聖職者が千鳥足でポーチを降り、酔っぱらった農夫に続いて復活祭の行列に加わろうとしている（農夫が持つイコンは上下がさかさまだ）。

また、レオニード・イヴァノヴィチ・ソロマトキン（1837～1883）は、「居酒

屋 *The Pub*」「居酒屋の朝 *Morning at the Tavern: The Golden Bank*」「商人たちの夜会 *Merchant Evening Party*」といった題で飲酒の場面をリアルに描いた。この最後の作品には、ザクースカとウオッカの瓶が並んだテーブルが描かれている。召使の少女が開栓したウオッカの瓶と小さなグラスを客に配り、客たちは音楽の夕べを楽しんでいるが、出席者のひとりはすでに酔いつぶれている。

有名なソヴィエトの詩人で芸術家のヴラジーミル・V・マヤコフスキーは、ある女性の絵を描いている。女性には小さな息子がしがみつき、彼女は両腕を広げて酒場のドアの前に立ちふさがり、みすぼらしい服を着た夫に叫んでいる――「なかに入らせるものですか」。マヤコフスキーは帝政時代、国によるウオッカの専売を痛烈に批判する絵も描いている。皇帝ニコライ2世と皇后アレクサンドラが玉座に座っているが、玉座に彫られているのは伝統的な紋章である双頭の鷲ではなくウオッカのボトルだ。ウオッカの瓶を抱えた皇帝夫妻の足元には貨幣のあふれたつぼが置かれ、酔っぱらいが寝転がっている。背景に描かれているのは煙を吐き出すウオッカ工場だ。民衆はウオッカ中毒になっており、国もウオッカからの収入に依存している――これ以上ないほど明確なメッセージがこめられている。

ロシアのポスターには、強い反アルコールのメッセージが示されているものがある。しかし芸術家はリアリズムの表現は避ける傾向にあり、その代わりにグラフィックアートの手法を使った。帝政時代にはウオッカを批判する絵に宗教を批判するプロパガンダを注ぎ込まれ、こういった手法はソヴィエト時代にも続けられた。ある有名なポスターには、イエスが密造者として描かれている。

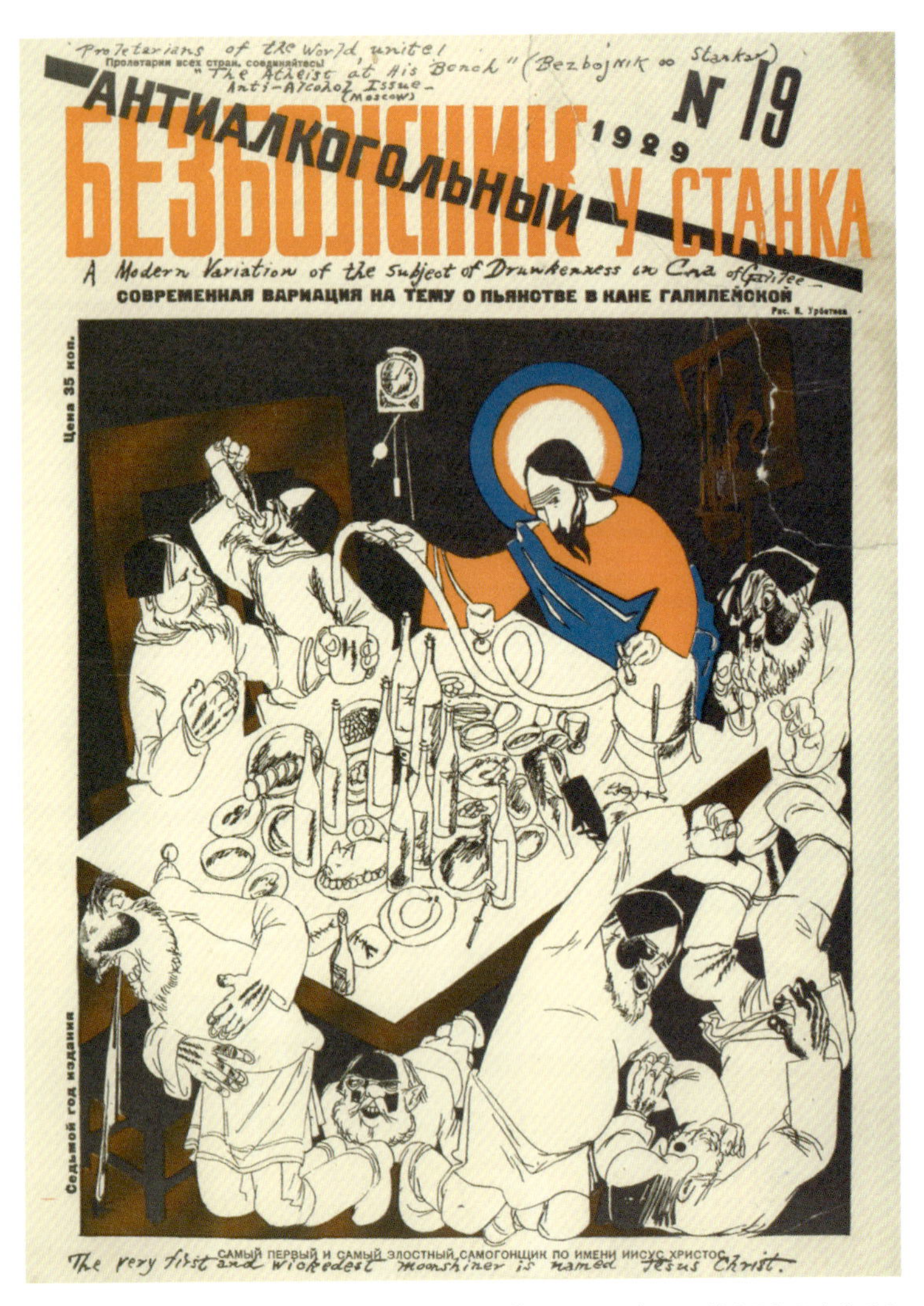

密造酒を造るイエス。1929年、無神論者の雑誌「ゴッドレス」は、ガリラヤのカナでの婚礼で水をウオッカに変えるキリストを描き、東方正教会と密造者を攻撃した。

ロシア文学にもウオッカに触れているものが非常に多い。たとえばフョードル・ドストエフスキーは、過度の飲酒とその弊害について、ほぼすべての小説で言及している。もともと「酔いどれ」という題名だった『罪と罰』（１８６６年）には、ペテルブルクの不潔で暗い酒場のようすが描写されている。ヒロイン、ソーニャの父親はどうしようもないアルコール依存症で、弟妹のために彼女は身を売ることを余儀なくされる。同様に、イヴァン・ツルゲーネフやチェーホフの小説と短編からも、ウオッカを飲むことがどれほどロシア人の生活の一部になっていたかがうかがえる。マキシム・ゴーリキーは劇や小説のなかで、ロシア人の泥酔するようすを批判的な目で描写した。

◉過剰飲酒と密造酒

１８９０年代初頭には、多くのロシア人がウオッカ中毒になっていた。混ぜ物をした酒で命を落とした者すらいた。ウオッカの消費を減らし、手がつけられないほど民衆が酔っぱらうのをやめさせようと、聖職者、役人、医師、教師、共産主義者、女性など、多くの人々が思い切った措置をとるよう政権に働きかけた。世論に耳を傾けないことで有名だったアレクサンドル３世（１８４５〜１８９４）ですら、しだいに高まる要求を無視できなくなった。実際、慢性的なアルコール依存症は彼の大規模な工業化計画を脅かしていた。計画の実現にはしらふの労働者が大量に必要だったからである。そこでアレクサンドルはエカチェリーナ２世の時代から１世紀以上続いた自由主義的なウオッカ政策をやめ、製造を制限し、品質基準を厳しく管理するために専売制度を復活させた。

皇帝自身は大酒飲みだったが、国のウオッカ専売から得られた収益で国民禁酒保護監督会と呼ばれる公的な禁酒協会を新設した。民間の禁酒団体は完全な禁酒を求める過激な人物が代表になる場合が多かったが、国の禁酒協会は適度の飲酒を推奨した。今の言い方ならば「責任ある飲酒」だ。大衆文化を奨励することで過剰飲酒を抑制できると考えたこの機関は、劇作家を雇い、公共の劇場で大衆向けの娯楽を無料で提供した。労働者はコンサートやピクニック、文学講座などに招待され、観光旅行をする者には安価な食べ物や宿までもが提供された。

しかしこういった施策にもかかわらず、蔓延した過剰飲酒の問題は解決するどころか悪化した。国営の酒場は以前の居酒屋よりも上質なウオッカを提供するものの食べ物は出さなかったので、客は速いピッチでウオッカを飲み干しては、金が国庫に転がり込むよりもずっと早く道ばたに吐くのだった。おまけに、混ぜ物をしたウオッカは相変わらずあちこちで手に入った。監督会は批判にさらされ、とくに民間の禁酒協会の活動家たちは、国の求める節酒が偽善で欺瞞であることを見抜いた。ウオッカを販売すれば国は一定の利益を得られたからである。

1894年、ニコライ2世（1868〜1917）が皇帝に即位した。父親と同じく、ロシアの根強い飲酒問題には何か思い切った策をとらなければならないとわかっていたが、彼も過剰飲酒の抑制には失敗した。1904年から翌年にかけての悲惨な日露戦争の間、兵たちは日常的に酔っぱらい、旅順口（りょじゅんこう）と奉天（ほうてん）の戦いでロシアが衝撃的な敗北を喫したのは、水兵と兵士が酔っていたことにも原因があると言われている。第1次世界大戦の前夜、ニコライは問題の根絶を決意した。禁酒協会からの長年にわたる要求が後押ししたことも間違いない。大戦中、ウオッカの製造販売を禁止したのである。

だが皇帝にとっては不運なことに、この措置は裏目に出た。まさに多額の戦費が必要なときに酒を禁止したため、税収がほぼ3分の2にまで落ち込んだからである。兵士のなかには長靴もライフル銃もないまま前線に送られる者もいた。さらに悪いことに、ウオッカの国内消費は減少しなかった。ふつうなら余剰穀類は大都市に運ばれるのだが、ほとんどの汽車が部隊の移動用に使用されたため、村に積み重ねられたままになっていた。農民たちはこの有り余るほどの材料を使って密造酒（サマゴン）を造ったのである。

戦争が長引くと、違法ウオッカはますます増えた。その結果、首都のサンクトペテルブルクも含め、多くの都市に穀物が供給されなくなり、パンと小麦粉が尽きた。1917年2月、女たちは小麦粉の欠乏に抗議し、それが革命の最初の火種となり、最終的に皇帝を退位に追い込んだ。8か月後、ボルシェヴィキが権力を掌握した。

第6章 ◉ ソ連とウオッカ

◉禁止と解禁

マルクス主義を標榜するロシアの新たな指導者たちは、資本主義社会にはびこる過剰飲酒を非難し、新たな社会主義社会では節酒が浸透する、と当初主張した。彼らは皇帝よりも厳しい罰則つきでウオッカを完全に禁止し、凄惨な革命の間、赤軍（せきぐん）が穀物を十分確保できるようにした。実際、もしつかまれば密造者は銃殺される可能性が高かった。それでもなお、サマゴンを製造し続ける豪胆な農民が絶えなかった。

１９２０年代初頭、レーニンが権力者として不動の地位を築くと、ソヴィエト連邦は国営市場で軽度のアルコール飲料を再び販売するようになった。最終的に１９２５年10月、従来の度数のウオッカが再び合法化されている。しかしアルコール飲料が再承認されたのはイデオロギーが変わったか

1920年代のロシアの反アルコールポスター。「やめろ。最後の警告だ」。

らではなく、実利的な理由によるものだった。ボルシェヴィキ国家は4年の世界大戦と2年の革命で多大な損害を被って経済的に破綻し、世界の市場からほぼ完全に締め出されたため、疲弊した経済を立て直すにはなりふりかまわず収益を上げる必要があったのだ。

1930年、新指導者ヨシフ・スターリンはウオッカ製造の推進を命じた。たとえ供給の増加が必然的にアルコール依存症の増加につながるにしても、皇帝たちと同様に、彼は強い酒に莫大な税収が見込めることを十分に承知していたのだ。スターリンはこう開き直っている。「外国資本に屈服するのとウオッカの税収に屈服するのでは、どちらがましだと言うのだ」

ウオッカの収益で国庫は再び潤い、スターリンは第1次5か年計画と銘打った大規模な工業化プロジェクトに着手した。同じ頃、彼は禁酒協会を全面的に禁止している。実のところ、スターリンはかなりの酒豪かつ典型的な夜型人間で、禁酒協会の言い分にはまったく共感していなかった。彼はクレムリンでぜいたくな晩餐会を、さらには田舎の邸宅で非公式の集まりを頻繁に催した。どちらの会でも浴びるほどウオッカが飲まれたという。

ピョートル大帝と同様に、スターリンもウオッカを政治的な道具として利用した。政策会議になることも多かった晩餐会では、彼は忠実な部下に長い乾杯の辞を述べ、つながりを強固にする手段として酒を使った。同時に、あまり信用のおけない人間に山ほどウオッカを飲ませ、気を緩ませて貴重な情報を引き出そうとした。スターリン自身もときには飲みすぎたと主張する歴史家もいるが、少なくとも誰かと一緒にいるときには慎重に飲んでいたという証言が多い。おそらくスターリンの

ヴィターリ・コマールのヴォトカード（「ウオッカ・カード」）。有名な反体制派の画家によるこの絵のなかで、崩れ落ちた胸像はソヴィエト政権の凋落を象徴している。子グマはロシアの民衆を示しており、ウオッカを飲むことで新たに見つかった自由を祝っている。

もっとも有名な乾杯は、第2次世界大戦終結の際、「ロシア人民」に捧げたものだろう。表向きはヒトラーの死とナチへの勝利に対してなされたものだが、多くの人々はユダヤ人を迫害する意図をさりげなく示すものだったと信じている。ユダヤ人は生粋のロシア人ではないと広くみなされていたからだ。

スターリンが1953年に亡くなっても、ソ連のアルコール依存症患者は増加し続けた。国営の禁酒協会が何度か組織されたが、ほとんど効果はなかった。1980年代初頭にソ連を車で横断したイギリスの作家コリン・テューブロンは、ウオッカ（「その無色で無垢なるもの」！）の役割について著書『夜の一番長い場所 *Where Nights Are Longest*』（1983年）

のなかで次のように述べている。

ウオッカはロシアへの呪いであるとともに解放でもある。退屈と空虚から、果てしない冬の夜から、さらに長く暗い魂の夜から自らを消し去ってくれる。ウオッカはすさまじい緊張をともなう飲み食いの際、飲む者の意識を事実上失わせるために飲まれる。瓶はつねに空にされ、グラスはひと口で飲み干される。

●禁酒キャンペーン

1985年にミハイル・ゴルバチョフが共産党書記長に就任するまで、政権は深刻化する問題に抜本的な対策をとらずにいた。彼が最初に着手したのは、国民を酩酊させないようにする法の制定だった。ゴルバチョフはニコライ2世に倣(なら)って禁酒協会を設立した。健康によいピクニックや音楽の娯楽を大衆に提供し、国民の文化的意識を高め、過剰飲酒の弊害について教育したのである。

この組織は帝政時代のものよりはるかに規模が大きかった。会員数は1億1400万人。これはソ連の成人ほぼ全員と言ってよいから、入会はほぼ強制だったのだろう。ゴルバチョフは協会の役人に命じ、あらゆる工場、大学、政府の部局、その他の機関に支部を立ち上げさせた。また、大衆が他のアルコール飲料(ワインなど)に宗旨替えしないように、すべてのブドウ畑からブドウの木

ミハイル・ゴルバチョフは1985年の政権掌握後、ウオッカの販売時間を制限することによって消費を抑制しようとしたため、販売所には多くの人々が行列を作った。

を引き抜かせた。公的行事にウオッカは不要と宣言し、酒の販売時間を厳しく制限した。

ゴルバチョフのアルコール政策は、彼の有名な「ペレストロイカ」、つまり社会の再構築と完全に一致した。ソ連の生産性を上げるために、健康な住民を求めたのである。そしてある程度の成功を収めた。禁酒キャンペーンによって平均寿命が延び、約100万人の命が救われたと擁護する意見もある。しかし大衆の反発があまりに大きかったため、この意欲的なキャンペーンはわずか2年で終わらざるを得なかった。ゴルバチョフの人気は急落し、1991年に失脚しても悲しむ者はほとんどいなかった。ロシア人の昔からの飲酒習慣を改善しようとした彼の努力はニコライ2世と同じく失敗に終わり、政治生命が早くに絶たれた一因となったように思われる。

ロシアの禁酒ポスター「ニェット」。この1950年代のソ連の反アルコールポスターには、端正なロシア人がウオッカのグラスを断固として断るようすが描かれている。「いらないと言おう」という命令の初期のバリエーションだ。

ソ連の禁酒ポスター。アルコール依存症の伝統的なシンボルであるヘビがボトルの左側をはい上がり、上には「希望の粉砕」と書かれている。

ロシアの現在の支配者たちが禁酒プログラムに慎重なのも当然だろう。

●なくてはならぬもの

実際、東欧では19世紀と同様に、ウオッカが社交において人々をつなぐ役割を果たしている。ナイジェル・ロバーツはその著書『ベラルーシ *Belarus*』（２００８年）のなかで、スラヴ人の飲酒習慣についてこう記述している。

祭日、誕生日、結婚式、洗礼式、葬式があるごとに、人々は伝統的なウオッカの乾杯で祝う。商売上の取引も、サインする際には仰々しくウオッカで乾杯がされる。家族の行事や懇親会、とくに新たな友人や客を歓迎する際には、テーブルの上に半リットル瓶、そして必要とあらばもっとたくさんの予備のウオッカがなければ始まらない。私はベラルーシ共和国のフィラレート府主教とも飲んだし、誕生日を祝うため朝の9時半から事務所で弁護士と飲んだこともある。授業のある日には校長と彼の部屋で飲み、朝食ではホストファミリーの父親と飲んだ。そして夜は農場で燃え盛る火にあたりながら、集まった田舎の年寄りたちと歌を歌い、語り合った。乾杯、また乾杯である。

スラヴ人はもちろん、禁欲的ではない在留イスラム教徒も、客が飲み物を断ると大いに機嫌を損ねる。もてなしの心や友情を拒絶されたと解釈するからだ。10年間コーカサスで暮らしたアメリカの宣教師カップルは、ある独身のイスラム教徒を改宗させそこなったと後悔していた。おそらく彼らは地元の人々とウオッカで一杯やる習慣を軽視していたのだろう。ソヴィエトの反体制派の作家アブラム・テルツ（アンドレイ・シニャフスキー）によれば、ロシア人が酒を飲むのは宗教的な経験を求めてのことだ。

ロシア人は必要にかられて飲んだり、苦しいから飲んだりするのではない。昔から奇跡的なもの、驚くべきものを求めて飲んできた。神秘的な状態で飲むことで、魂を地球の重力の及ばないところに運び、神聖で霊的な状態に戻すのだ。ウオッカはロシアのムジーク（農民）の白魔術だ。黒魔術、つまり女性よりも断然そちらのほうが優先される。

おそらくソヴィエト・ロシア時代にウオッカに究極の敬意を捧げた文学作品は、ヴェネディクト・エロフェーエフの『酔どれ列車、モスクワ発ペトゥシキ行』〔安岡治子訳／国書刊行会／1996年〕だろう。この1960年代に書かれた、人を幻惑させるような愉快なウオッカ賛歌は、ソヴィエト政権下で酔っぱらうことがいかにすばらしく、いかに軽蔑すべきことであったかを世に知らしめている。

語り手は知性的で学のあるアルコール依存者で、おそらく作者自身だ。彼は恋人と幼い息子に会うため、キャンディをみやげに、終点めざして列車に乗る。しかしアルコールが欲しくてたまらなくなり、渇望を満たすために何度となく酒をあおる。彼が紹介する怪しげなカクテルには、変性アルコールやオーデコロン、ニス、靴磨きのクリームまで配合されている。途中、彼は道連れとなった旅行者と人生、愛、宗教、文学、哲学談義に花を咲かせる。

この本は海外で広く読まれたのち、1989年になってようやく削除修正版の出版がソ連で許可された。しかし完全版は、ソ連崩壊後の1995年までロシアでは出版されなかった。実際、エロフェーエフの本には、アルコールに対する非難以上に、才能ある人間が酒以外にはけ口をみいだせない灰色でよどんだブレジネフ時代のソ連に対する辛辣で皮肉に満ちた批判があふれている。滑稽で悲惨なこの本は、その時代の完璧な縮図と言えよう。1998年、赤の広場にこの作家の生誕60年を記念して、ブロンズのモニュメントが立てられた。

第7章◉ウオッカ、アメリカを席捲する

◉スミノフ

アメリカは長年、ロシアに次いでウオッカの第二の消費国であり続けている。しかしわずか1世紀前には、アメリカのウオッカ市場はまだ小規模で、増加する東欧からの移民向けの安価な酒が中心だった。1933年に禁酒法が廃止されると、白系ロシア人［ロシア革命を逃れて亡命したロシア人］ルドルフ・クネットが、帝政ロシアの宮廷で好まれた有名なスミノフという商標で高級ウオッカを売り出そうとした。クネットはヴラジーミル・スミルノフから商標権と、木炭による画期的な濾過技術を買い取った。創業者の息子のひとりであるスミルノフは、1917年の革命を逃れてフランスに亡命し、サン・ピエール・スミルノフ・フィルズを始めていた。

クネットはコネティカット州ベスルで小さな蒸溜所を始めた。しかしウオッカ事業はあまりうまくいかず、アメリカでは当初、年に６０００ケースほどが売れただけだった。１９３９年、コネティカット州ハートフォードの酒造会社、ヒューブラインの会長だったイギリス生まれのジョン・Ｇ・マーティンが蒸溜所と設備を１万４０００ドルで買い取った。クネットを責任者として10年間雇い、スミノフひと瓶につき5パーセントのロイヤルティーを支払うというのが契約条件である。

ヒューブラインの傘下に入っても販売は横ばい状態だったが、州外のある販売店がこの新たな飲料を「スミノフのホワイトウイスキー、無味無臭」と宣伝したところ、売り上げは徐々に伸びていった。ヒューブラインがイギリスの巨大蒸溜酒会社ディアジオに組み込まれた際も、マーティンはスミノフの商標権を保持し、アメリカにブランドを定着させる望みを持ち続けた。

１９４１年、マーティンはロサンゼルスの友人、ジャック・モランを訪ねた。コックンブルという居酒屋を経営するモランは、ジンジャー・ビアの在庫を大量に抱えていた。一方のマーティンは

スミノフ。1860年代にピョートル・A・スミルノフによってモスクワに設立されたもともとの会社は帝室御用達だった。現在はイギリスのディアジオ社のブランドで、世界でもっとも広く販売されているウオッカのひとつである。

売れ残りのウオッカをたくさん抱えている。そこでふたりは、双方の在庫を組み合わせられないものかと知恵を絞った。その結果生まれたのが、ウオッカ、ジンジャー・ビア、生のライムまたはレモン果汁を混ぜ合わせ、銅のマグに入れて出すという案である。モスコー・ミュール（刺激のある飲み物）という名で売り出されたこのカクテルは、アメリカでウオッカが飲まれるようになる最初のささやかなきっかけとなった。

しかし戦後、反ソヴィエト感情が増大すると、ウオッカ人気にかげりが出ることが危ぶまれた。1950年代初頭にはバーテンダーたちがニューヨークの5番街を、「モスコー・ミュールはお断り。スミノフ・ウオッカは必要ない」と書いた横断幕を掲げて行進している。ハウス・オブ・シーグラム社はアメリカの市場は停滞気味だと結論づけた。同社はロサンゼルスの集会で1週間ウオッカを無料で配り続けたが、受け取る者はいなかった。うんざりした社長のフランク・シュウェンゲルは、ウオッカをケースごとホテルのプールに投げ込み、こうつぶやいたという。「アメリカではウオッカの未来なんてこんなものだ」

しかし幸運なことに、否定的な評判はかえってモスコー・ミュールの需要を後押ししたようだ。ウオッカの売れ行きは持ち直し、マーティンは茶、ビーフブイヨン、オレンジジュースその他の香味料を使ったウオッカ飲料を次から次へと紹介した。彼はまた、今ではおなじみとなっている販売促進のためのキャンペーンを他に先駆けて実行した。エキゾチックな場所でウオッカのカクテルを楽しむ有名人を雑誌広告に登場させたのだ。

マティーニを作るジェームズ・ボンド（ショーン・コネリー）。1962年の映画「007 ドクター・ノオ」のボンドの有名なせりふ「ステアせず、シェイクで」によってアメリカの観客はスミノフ・マティーニを知った。

とはいえ1962年までウオッカの国内消費はさほど好調だったわけではない。転機となったのは、この年、全米の映画館で上映されたジェームズ・ボンド映画第1作「007ドクター・ノオ」である。主役を演じるショーン・コネリーがスミノフ・ウオッカを使ったマティーニを注文し、初めてあの有名なせりふを言ったのだ。「ステアせず、シェイクで」。ウオッカの需要は瞬く間に急増した。

◉コーラとウオッカの蜜月

しかしアメリカのウオッカ販売が本当に躍進したのは、10年後のことである。リチャード・ニクソン大統領がデタント（緊張緩和）政策でソ連を訪問したときだ。大統領は、友人でもあるペプシコーラのCEO、ドナルド・ケンドールに以後ソ連と取引する許可を与えた。このアメリカの企業はソヴィエト政府の工場建設に助力することを約束した。工場が完成すれば、ペプシの濃縮液を使って年7400万本のコーラの製造が可能となる。財政運営の苦しいソヴィエトが支払いをウオッカで行なうことにペプシは同意した。

ペプシは、人気のソ連産ウオッカ、ストリチナヤ（「ストリー」という愛称で呼ばれている）の事実上唯一のアメリカ代理店となった。ムッシュ・アンリ・ワインズという変わった名前の子会社が流通を受け持つと販売は急増した。1975年、アメリカでのウオッカ消費量はバーボンを抜き、ついにアメリカ国民に一番飲まれる酒となった。市場の18・7パーセントを獲得したのである。ソ

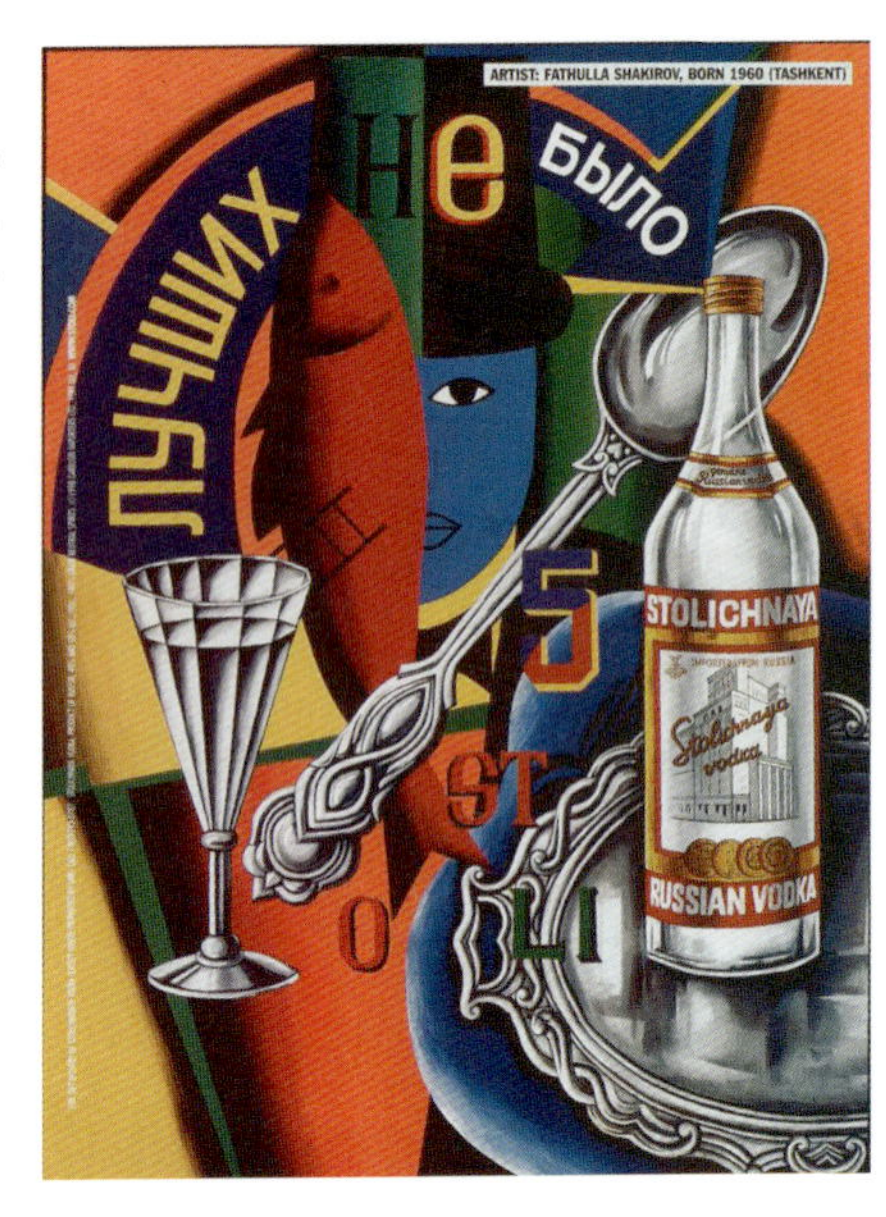

ファトゥラ・シャキロフが手がけたストリチナヤの広告、1998年。タシュケント生まれの画家がデザインしたもののひとつ。前衛派のタッチをまねており、「いまだかつてない逸品」と書かれている。

連もこの取引で利益を得た。ソ連が崩壊し始めた１９９０年頃には、26の工場で４０００万ケースのコーラが製造されている。ソ連政府はさらに24のコーラ工場を開設することでペプシコーラと合意した。その見返りにペプシコはストリチナヤの需要を増大させ、さらにソ連が建造した貨物船とタンカーを少なくとも10隻、買うか借りるかすることに合意した（ほとんどがその後スクラップとして売却された）。

　飲料と飲料という驚くようなバーター取引は、実際、奇妙な取り決めだった。酒もコーラも嫌いだという人から見れば、両国は毒を交換しているにすぎない。取り決めはとくにロシア人には愉快だった。冷戦時代、彼らはアメリカ人に「コカ・コーラ・ファシスト」の汚名を着せていたからだ。「コカ・コロナイゼーション」「他国にアメリカ資本や文化を流入させること」だと糾弾してもいた。今日でも、この取引はロシアで笑い話の種であり続けている。２００９年、あるアイデア豊かな出版社が、ソ連の反アルコールポスターを使ってパロディ・カレンダーを作った。元のポスターで描かれていたウオッカの瓶がコカ・コーラの瓶に代わっている、というものだった。

第8章◉多様なウオッカ

さまざまな蒸溜酒、つまりジン、バーボンウイスキー、ライウイスキー、スコッチウイスキー、コニャック、そして多くのリキュール類は、同じ範疇に属する酒であっても、それぞれが独特な風味をもつ。ゆえにブランドの確立には酒の独自の味わいが大きく関係してくるが、その一方で昔ながらのボトルやラベルは、伝統と折り紙つきの品質を強く感じさせる。

しかしウオッカには独自の味わいというものはない。ゆえにそのブランドを確立しているのはほとんどがその容器である。実は「鉄道貨車のウオッカ」と呼ばれるウオッカがあって、いくつかの異なるメーカーに出荷され、複数のブランド名で瓶詰めされ、異なる価格で売られているが中身はみな同じ、という噂もまことしやかにささやかれている。もしそれが事実なら、この秘密はもちろん厳重に守られなければならない。すべてのブランドが実はまったく同じものだとわかれば、大衆は当然一番安いものを買うからだ。

◉イメージを左右するボトル

ウオッカはポストモダンの飲料だ。蒸溜家はブランドを「構築する」創造的な方法を見つけなければならず、そのパッケージによって現実の、あるいは想像上の品質を伝えるからだ。購入者はあるブランドを選ぶことで、自分自身にも事実上レッテルを貼ることになる。「ヴィボロヴァ」(ポーランドのウオッカ)のブランドマネージャー、アダム・ローゼンは、この論理を認めている。

ウオッカ産業は他の酒の生産者よりもずっとイメージを重視している。ウオッカを飲む人間は原材料と味わいだけで購入を決めるのではない。彼らが選ぶウオッカは、他者に対して何らかの主張をするものでなければならない。だからボトルのデザインは、洗練された、気品漂うものでなければならない。

それゆえにボトルの形は長年、とくに高級ブランドでは、マーケティングの鍵となる要素だった。1979年にスウェーデンのデザイナー、グンナー・ブロマンとハンス・ブラインフォーシュが古風な首の短い「アブソルート」のボトルをデザインして以来、ボトルデザインにはさまざまなテーマが設定されてきた。たとえばアブソルート・ディスコは1000枚の鏡で覆われた華やかなボトルで、ディスコのミラーボールを思わせる形だ。フランスのウオッカ「グレイグース」は世

マーモント。シベリア、アルタイ山脈の湧水を使ったウオッカ。独特な白いボトルは牙のような形をしていて、2003年にこの地域で保存状態のよいユカギル・マンモスの一部が発見されたことを思い出させる。

界第3の販売規模を誇るウオッカだが、このスーパープレミアムウオッカのボトルは美しい艶消しガラスにハイイロガンのシルエットをかたどった透明の窓があいていて、その向こうに荘厳なマシフ・サントラル［フランスの中央高地］を渡っていくハイイロガンの姿が見える。

有名なフィンランドの彫刻家でガラス製品、磁器、宝飾品のデザイナーでもあるタピオ・ヴィルカラは「フィンランディア」のボトルを製作した。これはフィンランドの大麦で造ったウオッカだが、所有しているのはアメリカの企業だ。ロシアでも数多く輸入されているブランドのひとつである。ビルバオ・グッゲンハイム美術館など数々の有名な建築物を設計したフランク・ゲーリーは、ヴィボロヴァの優美な先細のボトルをデザインしている。

パッケージングとプレゼンテーションはプレミアムブランドのマーケティングに非常に重要だ。バックライトつきのバーの棚に何列にもなって並ぶ、ほっそりして変わった形のウオッカのボトルは、消費者の眼に魅惑的に映るようデザインされている。マラニ・ブランズは2009年5月の報道発表で、次のように豪語している。「優美で洗練されたデザインは、マラニの比類ないほどなめらかな受賞製品を何よりよく表現し、その品質を消費者に伝えるすばらしい仕事をしている」

ポーランドのウオッカ「プラヴダ」のボトルにはタンザナイトという宝石が飾られていて、取り出してイヤリングを作る人もいるらしい。地中海のウオッカ（クロアチア産）と宣伝されている「アクヴィンタ」のボトルは、ロンドンのルイス・モバリーがデザインした。地中海の暖かさ、色、スタイルを表現するために底部が赤く彩色され、ロゴのVの字は金色で描かれ、木炭、大理石、銀、金、プラチナで5回濾過したことを示す紋章がつけられている。このウオッカはメルセデス・ベンツが冠スポンサーを務めるファッション・ウィークの公式ウオッカに選ばれ、ヴァージン航空も機内でこのウオッカのみを扱っている。

デンマークのウオッカ「ダンツカ」は、ガラスのボトルよりも速く冷えるようにデザインされた、研磨したアルミのボトルに入っている。スノーフレークと銘打った限定ボトルをデザインしたのはスィセル・ルズヴィスンだ。パリのグラフィティ［スプレーやフェルトペンなどで壁に絵を描く］アーティスト、アンドレ・サライヴァは、ウルトラプレミアムウオッカ「ベルヴェデールⅨ」の黒いボトルを、ベルヴェデーレ宮殿と並木を連想させるエレクトリックピンクの落書きタッチのデザインで飾っている。

実業家にして政治家のドナルド・トランプは「I♥NY」のロゴをデザインした工業デザイナー、ミルトン・グレイザーに、その名も「トランプ」というウオッカのボトルをデザインさせている。しかし会社はまもなくウオッカ事業をやめてしまう。

●先鋭化するデザイン

ボトルのデザインだけでなくラベルやさまざまな形態の広告も、ごくありふれた製品をすばらしいものに思わせる役割を果たす。ウオッカは、売り手側がどんなものだと言うか、そして買う側がどんなものだと信じるかで決まる。理論的には、ウオッカには味も色も香りもないからだ。

ウオッカメーカーはウオッカのイメージを構築し、消費者はどのブランドを選ぶかで自分のイメージを構築する。ゆえにもしボトルが優美で洗練されていれば、飲む人間もそうあらねばならない。もしボトルが前衛的ならば、買う人間もそうでなければならない。もしボトルがオーガニックで環境にやさしい飲み物だと示唆しているなら、飲む側もエコロジーや環境保護に関心がある人間でなければならない。

もしボトルが優美でないなら、めずらしいと言わざるを得ない。２００９年6月、スロヴァキア共和国が「ダブルクロス」というウオッカの輸出を開始した。その大胆なデザインを考案したのはアメリカのボトルデザイナーである。なんと直方体なのだ。マーケティング部門の重役はこう述べている。「50ドルのウオッカを売るつもりなら、あらゆるレベルのことをやったほうがいい」。メーカーは直方体のボトルがコカ・コーラやアブソルートのボトルと同じくらい象徴的な存在になることを願っている。現代的で無駄のない薄い直方体のボトルには、ロゴとともにスロヴァキアの紋章や詩や貨幣や封緘紙［手紙や包装の封じ目に貼る紙片］といった、伝統を感じさせる飾りがあしらわれている。

広報担当者はこう断言する。「棚に置かれた弊社のボトルは、時代を超越した象徴と言えるでしょう」。高級品であるという印象を強めるために、ボトルキャップは重みをつけたアルミで作られている。

もちろん、ボトルがあまりに美しい場合には、開封しないでおく消費者もいるだろう。あるレビュアーはこう報告している。

少し前にダブルクロスを手に入れたのだけれど、ちょっと開ける気になれなかった。ほかでもない、直方体のボトルをリカーキャビネットの真んなかに置いたらとても格好よくて、飲んだら台無しになる気がしたからだ。しかしもちろん、なかの神酒（ネクタル）を試してみたいという好奇心のほうが勝った。開封して、香りを楽しみ、すすって、カクテルにしたよ。

最後にレビュアーはこう結論づけている。「この上質な蒸溜酒は、中身を飲まないことを前提に対価が支払われている。ボトルを愛でるのが趣味ならば、これは間違いなく君のための飲み物だ」

アラスカの高級ウオッカ「パーマフロスト」は、当初はイタリアから輸入した厚ガラスの750ミリリットル入りボトルを使用していた。北斗七星を背景に、不思議そうな顔でこちらを見るホッキョクグマがラベルに描かれている（ひと瓶6ドルのコストがかかるため、会社はボトルのデポジットを検討したという）。旧飛行機格納庫でパーマフロストを作っている元パイロットのトビー・フォスターは、コストを削減するために印刷されたボトルに切り替えた。価格は今では50ドル以下に抑えられている。

700ミリリットルのスミノフにかぶせるカバーで、57ドルほどで販売されているものがある。カバーにはスピーカーが内蔵されていて、iPodにつなげばボトルを冷やしながらご機嫌な音楽

ケースに入ったカラシニコフ。ボトルが有名な突撃ライフル AK-47の形をしている。設計者である旧ソ連の将軍、ミハイル・カラシニコフは自らこの製品を承認し、その「破壊力」を自慢した（このウオッカのアルコール度数は通常より少し強い42度）。

を聴くことができる。

ガンマニアのためには「カラシニコフ」というウオッカがある。ボトルが自動小銃AK-47カラシニコフの形をしているのだ。中身は「AK-47の設計者ミハイル・T・カラシニコフに認められた、厳選されたレシピをもとに造られた最高級のロシアウオッカ。塩、砂糖、バニリン、グリセリンをブレンドした最初のウオッカである」という。少なくとも広報担当者は実射可能とは言っていない。ロシアはまた、4回蒸溜し9回濾過した「レッドアーミー」というウオッカを爆弾型のボトルに入れて販売している。ポーランドの「ミリタリー5」というウオッカも銃弾のような形をしている。ほかに武器の形をしたウオッカといえば、アルメニアの「エリート」というウオッカだ。さやに収まった剣のような形をしている。モルドヴァでは「ファイヤースターター」というハチミツウオッカが造られている。消火器の形をしていて、止めピン、トリガー、ノズルつきで、ノズルからウオッカを注ぐ仕組みだ。

ポーランドには風変わりなトランペット型のボトルに入った「ジャズ」というウオッカがある。驚くほどのことではないが、アメリカには摩天楼の形をした磁器ボトル入りの「ゴッサム」というウオッカがある。一方、ロシアのスタンダルト社は「ル・エッフェル」という名前そのままのボトルに入れたウオッカを製造している。また、ジョン・ディア［アメリカの有名な農業機械のブランド］の緑と黄色のトラクターをかたどった陶器のボトル入りの「ペースセッター」というウオッカもある。

ロシアの「グジェリ」というウオッカは、青と白の風変わりな動物の形をした陶器のボトルに入っ

ファイヤースターター

ている「モスクワ近郊のグジェリ村は青と白の陶器作りで名高い」。「ジョンソンズ」は小型のタカの形をした美しいセラミック製ボトルに入っている。これは収集価値があるとはみなされていない。おそらく消費者は便利だから買うのだろう。同様に、優美さより利便性を重視しているのはプラスチックの120ミリリットル容器のウオッカだ。これはアルミホイルの蓋をはがして飲む。

2000ドルまでならよろこんで出すという富裕層には「インペリアル・コレクション・ウオッカ」がお勧めだ。750ミリリットルのボトルは昔のファベルジェのイースターエッグを模し、合金製でエナメルに覆われ、18金の装飾が施されている。18金の装飾が施されたヴェネチアンガラスのカラフェ、そしてクリスタルと金のショットカップ4個でセットになっている。このウオッカが特別なのは、ミネラル分が豊富な水を使い、カバの木炭とプラチナという純化効果の高いフィルターで濾過しているからだ。

自動車メーカーのダーツ社が2009年に百周年を記念して作ったブランド「ルッソ・バルティック」は、間違いなく世界で一番高価なウオッカだ。価格は1本79万ポンド（980万ルーブル）。ボトルは同社のSUV車、プロムブロン・モナコ・レッド・ダイヤモンド・エディションのラジエーターガードを模している。車の価格は100万ポンド（1240万ルーブル）で、窓は金メッキ、排気管は純正タングステン製、計器類はダイヤモンドで覆われ、シートはクジラのペニスの皮で覆われている。なおこの車の購入者には、ルッソ・バルティックが3本贈られる。ラジエーターガードを模したボトルの外側部分は、この車が最初に作られた１９０８年から12年にかけて鋳造された金貨で作られている。ボトルキャップはホワイトゴールドとイエローゴールドで作られ、ダイヤモンドをちりばめたロシア帝国の紋章、鷲のレプリカがついている。そしてボトルそのものは装甲車にふさわしい防弾ガラス製だ［ダーツ社は装甲車メーカーとして有名］。このウオッカは飲むことを意図して造られていない、ボトルそのものが芸術作品として陳列するのにふさわしい、などと製作者は言わずもがなのひとことを付け加えている。

ドイツの新たな高級ウオッカ「ヴァリューレ」はボトルに金メッキがほどこされ、1本約１００万ドルで売られている。また、「ビリオネア」は名前が物語っている通り執事をかかえているような人々のためのウオッカだ。ボトルには多くのダイヤモンド、金、スワロフスキー・クリスタルがちりばめられている。３７０万ドルの3リットルボトルにはダイヤモンドで覆われたフェイクファーのカバーと執事用の白手袋がついている。

「クリスタルヘッド」は骸骨形のボトル入りウオッカだが、飲んだら今にも死ぬぞ、などと脅しているわけではない。ユカタン半島からチベットまで、さまざまな時代に水晶の頭蓋骨が13個発掘された伝説にちなんでいる。おそらく、頭蓋骨はポジティブなエネルギー、善意、幸運の象徴なのだろう。そういった属性を消費者がクリスタルヘッドと関連づけてくれればよいとメーカーは考えている。このウオッカはハーキマーダイヤモンドと呼ばれる磨いた水晶で3回濾過した結果、不純物のない純粋な蒸溜酒になった。ボトルの形状は明らかに「インディ・ジョーンズ／クリスタル・

クリスタルヘッド。カナダのプレミアムウオッカで、頭蓋骨の形をしたボトルは、スピリチュアルな力と啓蒙を示唆している。

スカルの王国」(2008年)人気に便乗している。アイデアを思いついたのは、カナダの俳優・テレビタレント・脚本家のダン・エイクロイド。超常現象愛好家としても知られる彼は、あちこちかけまわってこの50ドルのボトルを宣伝している。

ウオッカのラベルは、豪奢であるか、好奇心をそそるものであるかのどちらかだ。「デスドア(死の扉)」は後者だろう。まるで恐れを知らぬ人間に挑戦しているかのようなブランド名だ。しかし必ずしも名前どおりとは限らない。実はデスドアはウィスコンシン州のドア半島と、ミシガン湖に浮かぶワシントン島の間の水路の通称だ。デスドアのメーカーはこの地域で小麦を有機栽培し(除草剤や殺虫剤も不使用)、それを使ってウオッカを少量ずつ蒸溜している。ゆえにこの飲料は健康によく環境にやさしい、というメッセージを発したいのであって、飲んだ人間が死の扉の前にいると言いたいわけではない。

デスドア。ウィスコンシン州のワシントン島とドア半島の間を流れる水路から名づけられた。このブランドは地球にやさしい製品と活動を誇りにしている。オーガニック小麦を原料にし、水を再生処理し、使用したマッシュは地元のブタや酪農場に配っている。

●特定の客層に特化するウオッカ

消費者はボトルやラベルだけに引きつけられるわけではない。特定の顧客をターゲットにしたウオッカもある。アブソルート・カンパニーは2009年6月、IFCアンド・サンダンス局で「ゲイ・プライド」月間の番組スポンサーになった。ディアジオもゲイ・コミュニティによる好感度を高めるため、ニューヨークのラブ・ボール［エイズ患者のためのチャリティーイベント］で「ケテルワン」を宣伝している。この催しには2000人のゲイとレズビアンとドラァグクイーン［女装する男性］が参加し、巨大なテレビで祭りのようすが中継された。彼らはニューヨークやサンフランシスコのプライド・ウィーク［性的少数者が差別や偏見から解放されることを目指すイベント］や、さらにはニューヨークのナイトクラブで影響力を持つ人々のイベントも後援している。

ウオッカがゲイ・コミュニティで好まれる酒だという説もある。ひとつにはウオッカが他のアルコール飲料に比べて太りにくいと考えられているからかもしれない。ゲイ・コミュニティをターゲットにする作戦は成功しているようだ。それもそのはず、市場調査によれば、アメリカのレズビアンとゲイの購買力は2011年に8350億ドルを上回るということだ。

ダイエットの際、アルコールのなかでもウオッカを好んで飲む消費者は多い。飲料の色が薄いほどカロリーが少なくなるからだ。おそらく同じ理由で、ウオッカは若い飲酒者、とくに女性を引きつけている。スミノフはアルコール度数35パーセントの「ツイスト・オブ・ブラックチェリー・プレミックス」を30ミリリットルにつき69カロリーしかないと宣伝し、13カロリー少ないウオッカや11カロリー少ないスミノフ・モヒートなど、健康的な代用ウオッカの選択についても提案している。「ヴォリ」というウオッカは初の低カロリーウオッカを謳っている。アルコール含有量を30パーセントに減らしたおかげだが、これによってウオッカに分類される資格を失った。

酒類業界のアナリストたちによれば、フレーバードウオッカが成功したのは、ひとつには女性の人気をつかんだからだという。たしかに2009年にはモデルで女優のエリザベス・ハーレーが、お腹にぜい肉がつかないようにワインとコーヒーをやめ、ソーダ水やライムジュースで割ったウオッカを飲んでいることを明かした。もっとも、彼女も初めは薬を飲んでいるみたいだったと認めているが。別のスター、ジェニファー・アニストンの次のような発言も取り上げられている。「私の飲み物はウオッカよ。ウオッカを選んで飲んでいるの。透明なやつ。そう。砂糖はなしで」

メーカーは実際、ロシアのデイロス社が製造した「ダムスカヤ」のような「女性用」ウオッカで女性を引き込もうとしている。はためくスカートをまとった女性のようなラベンダー色のボトルは、マリリン・モンローを思わせる。ボトルにはロシア語で「私たち女性だけのもの」と書いてある。ダムスカヤは1本12ドルを支払える勤労女性をターゲットにしている。アルコール度数40パーセントでライム、バニラ、アーモンドなど5つの香りがある。これはキャリアウーマンの女子会に最適な飲み物なのだろうか？　明らかにメーカー側はそう望んでいる。スペインのスミノフファンのなかには、インターネット上にチャットルームを作り、自身のアバターをドレスアップさせ、部屋を飾り、自分たちがいま気になっていることをおしゃべりする人たちがいる。若い女性の飲酒者が参加しているのだろう。

それに対し、若くて流行に敏感な独身男性なら「スヴェトカ」を選ぶかもしれない。広告に登場するロボットはすばらしい胸とお尻をしていて、臀部を覆うのはひものようなコスチュームだけだ。スヴェトカのロボット、もしくはサイボーグは、半分ロボットで半分女性だ。「機械でできたSMプレーの女王の顔」とも言われる。自分はできるやつだと考えている人々を引きつけるために、広告はこう宣言している——「2033年のナンバーワン」。クラブの若い常連のためのウオッカであることを強く印象づけるために、ボトルを先細りの形に設計し直し、強烈な色合いの地色にスヴェトカのブランド名を目立つように浮かび上がらせている。

もっとあからさまに性的なのは「セクシー・ティナ・ミルキー・ウオッカ」のボトルだ。乳房の

ケテルワン。17世紀オランダに始まるこのブランドは、蒸溜にもともと使われていた銅製ポットスチルにちなんで名づけられた。現在はディアジオ傘下にあり、「紳士諸君、これがウオッカだ」という広告で知られる。

ような形をした容器にウオッカとアイリッシュクリームというリキュールが入っている。ターゲットは男性の友人に刺激的な贈り物をしたがる未婚男性や女性たちだ。「ケテルワン」も、飲んだ男性がマッチョな気分になるような広告を展開している。こんな具合だ。「男が本物の男だった時がある。それは昨夜だ。300年の伝統が君を奮い立たせる。ケテルワン。紳士諸君、これがウオッカだ」

アフリカ系アメリカ人への市場を拡大するために、さまざまなブランドがジャズ、ヒップホップ、その他モダンミュージックの音楽祭のスポンサーを務めている。イギリスのディアジオもそのひとつだ。この会社はDJのビズ・マーキーとソルト・ン・ペパが出演する独立記念日の音楽フェスティ

ブラック・ラブ。ニッチな市場をターゲットにする小規模生産者によるウオッカの一例。このアメリカのスーパープレミアムウオッカは、美しいクリスタルのボトル入りだ。

バルのスポンサーになっている。ブラックコミュニティは販売に重要だからだという。ロックファン向けには、2009年にアブソルートが出した限定版の「ロックボトル」がある。「ロックの力強く大胆でパンクな世界に敬意を表した」スタッズ［金属製の飾り鋲］のついた革のケースに入っている。

アメリカではアフリカ系アメリカ人はマイノリティだが、2000年の国勢調査局によればヒスパニックは18歳以下で38パーセントを占め、白人の住民の4倍の速さで増加しているという。そして、続々と飲酒できる法定年齢に達している。ヒスパニックのコミュニティ、もしくは集団をターゲットにするため、ケテルワンのメーカーであるディアジオは、たとえばバス停にスペイン語の広告を出している。ディアジオはまた、カリフォルニア州でラジオコマーシャルをスペイン語で放送し、シカゴではサービス業に従事するヒスパニックに奨学金を提供している。

犬の愛好家をターゲットにしたかなりニッチな市場もある。2007年、メリッサ・ゼッパとケリー・シュメルツァーはアメリカ人カップルに人気のブラック・ラブラドル・レトリバーをたたえる「ブラック・ラブ」というウオッカの製造を開始した。ゼッパは芸術家で、ブラック・ラブラドル・レトリバーのイラスト入りラベルをデザインした。ほかにはオレゴン州のごく小さな手作りのウオッカ蒸溜所が「ドッグスタイル」というウオッカを製造している。四角いボトルに家族のペットであるブルドッグの子犬、ウィンストンがエッチングで描かれている。

◉政治家とウオッカ

政治家も自分の名前のついたウオッカを宣伝することで有権者にアピールしている。たとえば1996年のロシアの大統領選挙では、極右の候補者ヴラジーミル・ジリノフスキーが自身の名前と写真を入れたウオッカを販売した（そして落選した）。この選挙で勝利したのはボリス・エリツィンである。アメリカの元大統領ビル・クリントンによれば、エリツィンはワシントンを訪問した際に飲みすぎて、ホワイトハウスから下着のパンツ1枚で出て行き、タクシーでピザを買いに行こうとしたという。また翌日の晩にもゲストハウスの地下室をよろよろ歩き回っているところをシークレットサービスに見とがめられ、酔っぱらった侵入者と間違えられた。

ヴラジーミル・プーチンは明らかにウオッカに対して批判的だが（彼はビール党だ）、2003年11月1日、モスクワのクリスタル・ディスティラリーは彼の名前にちなんで「プーチンカ」と名づけた新たな限定版ウオッカを発売した。「幸福を味わい、心を開き、疲れを取り除く。リラックスするには最高級の飲み物」というのが謳い文句で、今ではロシアで二番目に人気のブランドになっている。「ヴァロージャとクマ」を意味する「ヴァロージャ・イ・メドヴェーディ」というウオッカは、プーチンのファーストネームであるヴラジーミルの愛称と、当時の大統領ドミトリー・メドヴェージェフの姓（クマを意味する）とをくっつけた名で、ウクライナで製造され、ロシアに輸出された。ウクライナで造られたのは、ロシアの登記所がこの商標登録を拒否したからだ。どうやら、プーチンとメドヴェージェフはこちらのウオッカに名前を貸したくないらしい。

さらに物議を醸（かも）したブランドといえば、「グラジュダンスカヤ・オボローナ」（国民防衛の意）だ。ラベルには、ヒトラーへの支持を求めるナチのポスターから流用した労働者の絵が描かれている。おそらく、このウオッカは超ナショナリストと人種差別主義者をターゲットにしているのだろう。

2004年、ヒラリー・クリントンは議員団でエストニアを訪問した際、同じ上院議員だったジョン・マケインにウオッカ飲み競争を挑んだという。クリントン上院議員が勝ったようで、その際、マケインは彼女を「たいしたものだ」とたたえた。ビル・クリントンも2008年のダヴォス会議でプーチン首相とウオッカを飲んでいる。その年の大統領選挙当日、スヴェトカは大統領候補のバラク・オバマとジョン・マケインに、「党を党派政治に戻す」ためと称して無料でのウオッカ提供を申し入れた。もっとも、両者ともこの申し出は受け入れていない。

2009年、ニューヨーク州地方検事の候補者、グレン・クロールは自分の姓とポーランドのウオッカ「クロル」が似ているのを利用して、選挙運動用ステッカーを貼ったウオッカのボトルを有権者に配ったが、この戦術は贈賄（ぞうわい）に相当するとして抗議の的となった。

●都市をテーマにした限定ウオッカ

この30年ほどの間、アブソルートは都市をテーマにした案内広告を出し、4つの都市の名を冠した限定ウオッカを出している。もっとも最近のものは、6万本限定で発売された「アブソルート・

バンクーバー」だ。カナダのヴィクトリアを拠点に活動し、受賞歴もあるイラストレーター兼グラフィックデザイナーのダグラス・フレイザーがデザインしたボトルには、黄色と青の水上飛行機がバンクーバーの空に舞い上がるようすが描かれている。地元の芸術家を対象に開催されたコンテストでは、優勝者が12万ドルで芸術作品や教育プログラムの制作を請け負い、それをバンクーバーに寄贈した。また、アブソルート・バンクーバーの利益の一部はこのアート・プロジェクトに使われた。

「アブソルート・ボストン」は紅茶とニワトコの花で香りづけがされている。ボトルの色がグリーンなのは、ボストンの野球場、フェンウェイ・パークの巨大フェンスの愛称「グリーンモンスター」に敬意を払ってのことだ。メーカーは利益の一部を寄付し、ボストンの場合は、5万ドルを地元のチャールズ川管理局に寄付した。これより前に発売された「アブソルート・ロサンゼルス」はブルーベリー、アサイー、アセロラ、ザクロで香りがつけられている。メーカーはその売り上げから25万ドルをグリーンウェイ・ロサンゼルスという団体に寄付した。

甚大な被害を及ぼしたハリケーン、カトリーナ来襲後2年を経た2007年には、マンゴーとブラックペッパーで香りづけした「アブソルート・ニューオリンズ」を3万5000ケース製造し、売り上げの200万ドルをすべてメキシコ湾諸州慈善基金に寄付した。「トゥルー・オーガニック」というウオッカもニューオリンズのチャリティーを支援している。ポンチャートレイン湖のニューカナル灯台の修復だ。メーカーはその地域で売られたボトル1本ごとに1ドルを寄付している。

◉「基本に返れ」

豪華なボトルや誇大広告に反対の立場をとっている好例が、ポーランドのウオッカ「ソビエスキ」だ。２００７年には「ウオッカの真実」と銘打ったマーケティングキャンペーンを繰り広げ、人目を引くだけのマーケティングテクニックや値の張るボトルではなく、中身に注目してほしいと消費者に訴えた。この「基本に返れ」キャンペーンのおかげで、１８４６年以来、ダンコウスキ種のライ麦を原料にスタロガルド・グダニスキ蒸溜所で造られてきたソビエスキは、新たに売り出された蒸溜酒の販売記録を破ることができた。２００８年、アメリカで販売を開始してまる一年でソビエスキは25万５０００ケースを売り上げたのである。じきに１００万ケースという画期的な売り上げに手が届くことが期待されている。

◉ウオッカブランドを持つ

自分のウオッカブランドを持っている著名人も多い。ルイ・ヴィトンはベルヴェデールの新しいブランドをふたつ発売している。ジャスティン・ティンバーレイク［アメリカのシンガーソングライター］のウオッカはトウガラシ風味だ。アイダホ州の小さな職人気質(かたぎ)の会社はトウモロコシとライ麦のウオッカを造り、ザクロとハバネロの香りをつけて「ヘンドリックス・エレクトリック・ウオッカ」と銘打って販売している。もちろん、名前は伝説のロック・ギタリスト、ジミ・ヘンドリックスからとったものだ。

　著名人はウオッカ会社に出資するだけではない。特定のブランドを推奨し、かなりの金額を稼いでいるスターも多い。ウディ・アレンの昔の寸劇を思い出す。ウオッカ会社から推奨依頼の電話がかかってくるという設定だ。「お断りだね」とアレンは答える。「ぼくは芸術家だよ。コマーシャルなんてやらない。そんなものの片棒をかついだりはしないんだ。ぼくはウオッカは飲まないし、もし飲むにしても、あんたの会社の製品は飲まない」。対するセールスマンは、おもむろに莫大な報酬を口にする。それを聞いたコメディアンは答える。「ちょっと待って。いまアレンさんに代わるから」

　著名人と同様に、自分のウオッカブランドを持つ自由奔放な企業家もいる。テキサスで爬虫類の繁殖を手掛けるボブ・ポップウェルは、ガラガラヘビの幼蛇の死骸入り自家製ウオッカを販売し、違法行為だととがめられた。彼はボトルには「人間の飲用ではない」と書かれていると弁解する一方で、「アジアでは、こういったヘビを漬けこんだ飲料を精力剤として使用している」とも主張した。前述した昔のポーランドの毒ヘビ入りウオッカを思い出す。

　激しい競争に打ち勝ち、ウオッカ会社を所有した最初のアフリカ系アメリカ人は、元アーティストにして不動産王かつスポーツエージェントのヴィクター・G・ハーヴェイだ。彼は「V・ジョルジオ」というウオッカを、２００９年にフロリダ州マイアミで華やかな仲間たちと製造し始めた。彼はウオッカに目を向けたことで「さまざまな障壁とさまざまな社会的階級を超えることができた」

と述べている。
２００８年、プレミアム・ウオッカを手がけるルースキー・スタンダルトは、ミス・ロシアの出場者とアメリカの9つの都市を2週間まわるツアーのスポンサーになった。２００７年にスタンダルトの創設者ルスタム・タリコはアメリカのテレビタレントで食の権威でもあるマーサ・スチュワートを、モスクワとサンクトペテルブルクへの旅に招待している。帝政時代のヴラジーミル大公の宮殿で、彼はすばらしい食事と彼自身のウオッカでスチュワートをもてなし乾杯したという。

ときには、遊びや娯楽、新たなアイデンティティの構築の可能性を示すことを意図した製品もある。たとえば２００８年から２００９年1月にかけて、アブソルートはさまざまな空港の免税店で特別なギフト用ボトルを期間限定で陳列し、次のようなキャッチフレーズを添えた。「アブソルートを飲めば、毎晩が仮面舞踏会（マスカレード）」。発売されたのは、魅惑的な新しいアブソルートのボトル「マスカレード」である。３２３８個の輝く赤いスパンコールがちりばめられたカバーがかかっていて、背面のファスナーではずすことができる。「自分らしくいられること、自分の個性を表現できることが、かつてないほど重要になっている現代に、アブソルートは仮面舞踏会を甦らせます」。要するに、ラベルは解放の象徴で、ボトルは魅惑の象徴なのだ。

●コシェルのウオッカ

正統派ユダヤ教徒や、コシェル［ユダヤ教の戒律に適合した食物］を飲みたいと思う人をターゲットにした、コシェルのウオッカもある。小麦やジャガイモで造った、香りづけをしていないアメリカ産ウオッカは、ほぼ許容範囲にある。アメリカで一番売れているロシアウオッカ、ストリチナヤ（「首都の」を意味する）は、１９９６年、主要なウオッカブランドのなかでは初めて、ユダヤ教の正統派の組合にコシェル認証された。カナダのウオッカ、クリスタルヘッドもコシェル認証されている。コシェルについて解説するKashrut.comのサイトには、認可された輸入ウオッカのリストが公開されている。コシェルのウオッカはまったく、あるいはほとんど二日酔いを起こさないと評判だ。『蒸溜酒とリキュール *The Penguin Book of Spirits and Liqueurs*』はこう述べている。

ウオッカのフーゼル油や同種の成分（蒸溜酒の香りに寄与するが、大量に摂取すると二日酔いの一因となりうる不純物）の含有量が少なければ、「より安全な」蒸溜酒と評価される。これには注目すべきだろう。もっとも、酔いやすいかどうかはアルコール度数によるので、また別の問題だ。

ユダヤ人をターゲットとしたウオッカのひとつに、ロシアのウオッカ「オベトヴァーンナヤ」（「約束された」の意）がある。そのラベル、ボトル、パッケージには、「約束の地」を意識したデザインが施されている。モスクワ近郊にあるウロジャイ蒸溜所は、ラビの監督下で「イェヴレスカヤ」（「ユダヤ人の」の意）というウオッカを製造している。イェヴレスカヤはラビの承認と「ユダヤ人

コシェルのウオッカのラベル。このラベルは、ウオッカとロマンスというテーマを呼び起こしながら、正統派ユダヤ教を順守する信者にアピールしている。

好みのデザイン」を武器にマーケティングを展開している。

　黒いラベルにはユダヤ的なものが満載だ。ヘブライ文字、9本枝の大燭台、モスクワのコーラル・シナゴーグの内部、正統派のラビと白いヤムルカ「ユダヤ人男子が着用する小さな帽子」を着けたユダヤ人が、ルバビッチ派の指導者、メナヘム・メンデル・シュネールソンの肖像の隣に立つ写真などがあしらわれている。そのほかのコシェルのウオッカでは、1934年にスターリンがユダヤ自治区と宣言したビロビジャンの蒸溜所で造られているものもあるが、イェヴレスカヤほどには売れていない。

　イスラエルのある蒸溜所は、「ル・ハイム」というコシェルのウオッカを製造している。作家のルーシー・M・ロングによれば、さ

コシェルのウオッカ、ル・ハイム。イスラエルブランドで、「生命に」の意。「社会的・政治的・文化的・経済的・宗教的経歴を問わず、あらゆる人々」にアピールすることを望んでいる。

らに30種類のコシェルのウォッカがポーランドに流通しているという。「ラヘラ」のように魅惑的なユダヤ人女性を登場させているラベルもあれば、「ツィメス」のように、伝統的な帽子をかぶった正統派の男性が描かれたラベルもある。おそらく、ポーランドでもっとも成功したコシェルのウォッカは「ニスコシェル」だろう。ポーランド系ユダヤ人の蒸溜家が、慈善家のジグムント・ニッセンバウムとともにドイツで蒸溜している。ニッセンバウムはニッセンバウム財団の会長として、何百というポーランド系ユダヤ人の墓地、シナゴーグ、その他の文化的遺跡を修復している。ウォッカ・パーフェクトは東欧で最大のコシェルメーカーで、イスラエル最大の製造業者である。ガリラヤの水を使用したウォッカで、コシェルのウォッカを個人に販売して、自分なりのラベルをボトルに貼ることができるようにしている。

●さまざまな試み

その他のマーケティングの手段としては、アブソルートがラベルもなければロゴも入っていない限定商品を出している。簡単にはがせる小さめのステッカーに書かれたキャンペーン宣言は、偏見とラベルを捨てて視野を広げようと消費者に呼びかけている。アブソルートのスポークスマン、アンダース・オルソンはこう述べている。「私たちは初めて丸裸になって世界に姿をさらしています。ラベルもロゴもないボトルを発売したのは、外側がどうであれ本当に大事なのは中身なのだということを明らかにするためです。他者によってレッテルを貼られたまま人生を送る人々を支援する活動でもあります」

結局、ウオッカのブランドは万人に対し普遍的な魅力を持っているのだと述べたいのだろう。ノーラベル・プロジェクトはブランド名に頼らずに買ってもらうことを目的としたものだが、ラベルがないためにかえってどのウオッカ会社よりもはっきり識別できるようになった。

しかしアブソルートのメーカーはもはやボトルの形、ラベル、印刷媒体での広告にばかり依存する気はないようだ。2009年の夏、アブソルートは新しい形の宣伝を開始した。「ドリンクスピレーション Drinkspiration」だ。スマートフォン用アプリである。アブソルートを使った数百種類に及ぶウオッカ飲料を、天気や時刻、場所、ユーザーの個人的な嗜好に応じて、鮮明な写真入りで薦めてくれる。ドリンクスピレーションの利用開始からわずか13日で、スウェーデンではレシピが4万3000回ダウンロードされた。自分が何をし、何を飲んでいるかを世界に発信することが大いに流行するなか、ユーザーは自分の選択をフェイスブックやツイッターを通じてソーシャルネットワークと共有できる。同様に、ティトス・ハンドメイドウオッカは、「ハッピー・アワーズ Happy Hours」という無料アプリに出資している。地元の酒場でのお得な価格情報を流しているアプリだ。ユーザーはバーの名前、写真、訪ねたパブのレビューを投稿できる。メールを交換したり、ツイートしあったり、一緒に飲んだりできるかを尋ねる人もいるかもしれない。

◉クラフト蒸溜所の時代

おそらくウオッカビジネスにおけるもっとも革新的な一大事件は、職人が造る小規模ウオッカメーカーの参入と急増だろう。あるウオッカメーカーはこう述べている。「蒸溜酒は職人の手による農産品として、次の大きな波となるだろう」。２００３年の時点で職人が蒸溜を行なうメーカーはアメリカに60ほどしかなかったが、２００９年には１６０にまで増加した。ウオッカのクラフト蒸溜所は、大量生産の蒸溜所と一線を画すためならどんな苦労もいとわない。こういった小規模なウオッカメーカーの急増は、じつに目覚ましい。伝統的に個人の起業家精神と絶えず目新しいものを目指す姿勢があるアメリカでは、とくにそうだ。ただし、顧客を十分に確保して確実に生き残っているメーカーもあるが、途中で挫折するメーカーも多い。

前述したティトス・ハンドメイドウオッカは成功例のひとつだ。バート・バトラー・〝ティト〟・ビバリッジ２世が12年前に会社を創設した。ビジネスといっても初めは趣味程度で、できあがったウオッカを友人に贈り物として配っていた。このテキサス初の蒸溜所は、ボトル数本から年20万ケースを生産するまでに成長し、アメリカとカナダ全域に販路を広げた。彼は18枚のクレジットカードで金を借りて、小さな蒸溜所を作る資金に充てた。顧客と電子メールでこまめに連絡を取り合ったところ、彼らは口コミでスーパープレミアムウオッカを宣伝してくれた。このウオッカは世界大会で優勝も果たしているが、大規模な国際的企業とは異なり（彼は今でも17人の従業員しか雇っていない）、ボトルやラベルやパッケージにあまりお金をかけていない。また、1996年から製造されている「アメリカン・レイン」というウオッカは、完全有機農業のホワイトコーンから少量生産されており、オーガニックウオッカの草分けのひとつとなった。

もうひとつ、2008年にニューヨーク州でヒドゥン・マーシュ蒸溜所が発売した「ビー」というウオッカはハチミツを原料にしている。「303」というウオッカを蒸溜している44歳のスティーヴ・ヴィーズビックはボールダー生まれで、ウオッカへの情熱を次のように語っている。「なぜだかわからないが、血筋なんだろうね。ウオッカは芸術と言っていい」。ウオッカ造りは一族の伝統でもある。彼はポーランド人の祖父が使っていた古いトランクのなかに見つけたレシピを使用している。

フランス産のウルトラプレミアムな地中海ウオッカ「キー」は、職人の手で4回濾過し5回蒸溜しているのが自慢で、2009年春に発売を開始した。アメリカの慈善団体、イースター・シールズは、資金調達の感謝パーティーでこのウオッカをふるまった。小規模メーカーのもうひとつの例は、マンハッタンやハンプトンズでナイトクラブを経営するチャールズ・フェッリのウオッカ会社だ。彼は自分のクラブのひとつ、スタールームの名前をとった「スター」というウオッカを発売している。フェッリのウオッカはグルテンフリーで、オレゴン州カスケード山脈で造られている。溶岩で濾過し、ごく少量ずつ造ったものだ。

ジャガイモ農家のドニー・ティボドーと弟の神経外科医リーは、スキーインストラクターのボブ・

スーパープレミアムウオッカ、ブラック・クイーン。このベルギーのブランドは、独特の色合いを出すために黒砂糖を使用している。美しいボトルは金箔で漆塗りの箱に入れられている。

ハーキンスとチームを組んで、コールド・リヴァーというウオッカを製造した。メイン州初のスーパープレミアムウオッカで、単式蒸溜器を使い、ドニーのジャガイモを原料として、ジャガイモの種まきから瓶詰めまでを自分たちで行なっている。750ミリリットルのウオッカひと瓶を造るには7キロのジャガイモが必要だ。ブリティッシュコロンビア州バンクーバーからほど近い農場では、シュラム家の3人兄弟がオーガニックのジャガイモから少量ずつウオッカを製造している。蒸溜回数は2回だけ。香りと味わいを残すためだ。ほかに職人技の光る製品としては、バーモント・スピリッツという会社が3つのブランドを販売している。乳糖から蒸溜した「バーモントホワイト」、メープルシロップから造る、年に1000ケース限定の「バーモントゴールド」、メープル樹液から造る「ヴィンテージゴールド」だ。

アメリカのクラフト蒸溜所のなかには、州の支援を受け、観光客を誘致するため、旅行者にテイ

ニューヨーク州ロングアイランドで製造されているリヴ。このジャガイモのウオッカは、増加しつつあるアメリカの手作りウオッカのひとつである。多くのワイナリーと同様に、蒸溜所の見学や試飲は歓迎されている。

スティングや見学をさせてくれるところもある。カリフォルニア州のワイナリーやウィスコンシン州のビール醸造所でこのような工夫が販売と観光を後押ししていることに倣ったものだ。ジャガイモから少量ずつ蒸溜されるウルトラプレミアムのクラフトウオッカ「リヴ」を製造しているロングアイランド・スピリッツは、ジャガイモ畑、ブドウ畑、蒸溜室を見渡せる魅力的な展示室で、試飲させたり販売したりする許可を州から受けている。近くのワイナリーを年間２００万人の観光客が訪れるという地の利がある。

第9章◉グローバルビジネスとしてのウオッカ

近年、世界のウオッカ製造にはふたつのトレンドがある。ひとつは新たな香味料を大量に使用したウオッカ。そしてもうひとつは、最上のオーガニック材料を使用し、凝った蒸溜プロセスに従って造る「ブティック」ブランドである。どちらも先頭に立っているのは、モスクワの南600キロほどにあるタンボフという街で製造されているストリチナヤだ。

たしかに、ストリチナヤは昔からさまざまな種類のインフュージョン［アルコールに薬味や香辛料、ハーブなどを漬け込むこと］で知られてきた。元ソ連第一書記のニキータ・フルシチョフが、お気に入りのペッパー・ウオッカ（ペルツォーフカ）とハーブ・ウオッカ（オホートニチヤ）を造るよう工場に命じたのは有名な話だ。しかしレモン風味のストリチナヤ・リモーナヤが1986年にアメリカで発売されるまで、香りづけをしたウオッカは国際的にはさほど評判を呼んではいなかった。

2004年、ストリチナヤはミサイル型容器に入ったプレミアムブランド、「エリート」を発売した。会社は製品をひとつひとつ丁寧に造っていることを誇りにしている。まず、何千エーカーもの黒土地帯（ヨーロッパ・ロシア南部のとくに肥沃な地域）で小麦を有機栽培し、掘り抜き井戸から清浄水を汲み上げる。醱酵後は特許を取得した「凍結フィルタリング」にかけ、水晶、木炭、再び水晶、最後に細かいメッシュの布を通して4回濾過する。瓶詰めも会社が管理する。

もうひとつの有名なプレミアムブランドは「グレイグース」だ。フランスで製造されているが、アメリカ人シドニー・フランクが1997年に創設した。今ではほかにも多くの国々が自国産のプレミアムブランドを誇りにしている。

新たに発売されるものはどれも品質の向上を口にする。もちろん、それにともない価格も上昇している。アブソルートは手ごろな価格のブランドで品質の基準を設定しているのが自慢だが、最近の傾向にいらだちを感じているようだ。ある重役は苦々しく言う。「私たちが新たな品質のカテゴリーを発表するやいなや、ほかがそれを上回るものを造るのです」。市場から押し出されないように、アブソルートは新たなスーパープレミアムブランドを発売した。直営農場――しかも単一の農場――で育った小麦から造る「エリクス」というブランドだ。1929年製造の伝統的な銅製スチルで造られた、手作りウオッカである。

近年、ウオッカはアメリカで活況を呈し続けている。2003年、市場には410のクラシックウオッカのブランドと223のフレーバードウオッカが流通していた。2008年末には、それぞれ484と357に増加している。その年アメリカで販売されたウオッカは、9リットル箱が約

ベルーガ。このシベリアで造られるロシアのぜいたくなブランドは、特別な価格によろこんで金を出す「特別な人」のためのものである。

5120万ケース。これは全蒸溜酒の量の28パーセントにあたり、総計45億ドルに達する。

しかし新たなブランドが市場に押し寄せ、アメリカの消費者は舌が肥えてきた。競争は激化している。ポーランドのブランド「Vワン」を2005年から東海岸で流通させてきたポール・コップは、新たなウオッカの97パーセントは最初の3年で失敗すると見積もっている。生き残るためには、最低でも1万の取引先を確保しなければならないからだという。とはいえ、ウオッカの小売業者にとって将来は明るい。ソビエスキを所有するベルヴェデールグループは、2012年までに9リットル箱300万ケースを完売すると見積もっている。ペルノ・リカール社は、経営危機に陥っていたポーランド一のブランド、ヴィヴォロヴァを買収して販売を再開し、「強い突破口」になることを期待している。

上質なウオッカの選択肢が増えたことで、ヨーロッパの強い酒の消費者、とくに自宅外で飲酒する習慣のある国々の消費者は、この飲料にますます魅力を感じるようになっている。２００３年から２００８年にかけて、イギリスでは売り上げが20パーセント上昇して18億ポンドに達した（ヨーロッパの輸出市場の約半分）。最近の景気の停滞にもかかわらず、２０１３年には20億ポンドに到達すると予想されている。消費量に関しては、29パーセント伸びて７９００万リットルに到達した。ウオッカはスコッチの影を薄くし、国民のお気に入りの酒となったのである。市場アナリストによれば、若い飲酒者は急増しているという。第二の輸入国はドイツで、フランスがそのあとに続く。スコッチはイギリスでは圧倒的な人気を誇っているが、ウオッカはとくに透明な蒸溜酒を好む若者や女性の支持率を瞬く間に上昇させた。

スーパープレミアムウオッカは冷凍庫から出してストレートで飲むことが多く、世界的な市場の成長が見込まれる。現在、プレミアム以上のグレードのウオッカの売り上げの61パーセントをアメリカが占めている。ロシアは28パーセントで、残りはほぼヨーロッパと考えてよい。しかし近い将来、上質なウオッカの需要は、メキシコ、タイ、南アフリカは言うまでもなく、ブラジル、ロシア、インド、中国といった新興の市場で増大することが見込まれる。

第10章◉世界に広がるウオッカ

ウオッカの需要は発展途上国で高まっているが、こういった国々で現在消費されているウオッカは、ほとんどが国内の優秀とは言い難い蒸溜所で製造されている。世界貿易機関が国際的な関税障壁を削減し、人々の都市化も進んでいるので、こういった国々でプレミアムウオッカの輸入が劇的に増大すると予測する専門家もいる。

◉インド

インドの事例は興味深い。かつてインドではほとんど知られていないも同然だったウオッカだが、1990年代初頭から少しずつ飲まれるようになってきた。ある友人がおもしろい逸話を教えてくれた。ソ連が崩壊した際、デリーのソ連大使館職員には給与が支払われずにいたという。なんとしても収入が欲しかった彼らは、隠し持っていたウオッカを地元民に売ろうとした。しかし地元民は現金をほとんど持っていない。そこで職員はウオッカをヤギと交換し、屠畜（とちく）するためアエロフロートでロシアに送ったという。この公務員は大きな利益をあげただけでなく、インドで高い関税にもかかわらず輸入ウオッカが飲まれるきっかけを、ささやかながら作ったように思われる。

当初、ウオッカは主としてインドの女性に気に入られた。男たちが昔から飲んでいた色の濃いウイスキーやラム酒に比べ、透明で臭いもない酒のほうが軽くて飲みやすいと思ったからだ。宣伝担当者は男性にも買ってもらうために、ウオッカは見た目と違ってウイスキーと同じくらい強い酒だと強調しなければならなかった。販促活動は最終的に成功し、１９９９年、「ロマノフ」（非ロシアの会社ほどロシア風の名前をつける傾向がある）はインドで初めて10万ケース以上を売り上げた。2年後、政府は外国メーカーがインドに蒸溜所を建設することを許可した。もっとも外国のブランドには高い関税をかけ続けたのだが。

近年、インドでのウオッカの消費は飛躍的に増大した。２００６年の1年だけで、インドでの需要は20パーセントという驚くほどの伸びを見せた。２００４年から２００８年にかけての消費量はほぼ4倍増、１２０万ケースから４８０万ケースとなった。売り上げは今や７００万ケースに届かんとし、２０１４年には９００万ケースに到達する可能性がある。国内メーカーも海外メーカーも好調だ。ロマノフは今では年に１００万ケース以上売り上げている。これは10年前の10倍だ。しかし外国産のブランド、つまり海外で製造されたものや、インドでライセンスを取って製造されたものが、まだインドの消費量の75パーセントを占めている。

「エリストフ」（ジョージアのプリンスのために１８０６年に初めて製造されたウオッカ）のようなプレミアムブランドでさえ、インドで販売が始まり、成功している。イギリスのメーカーであるディアジオは「シャーク・トゥース」を販売している。朝鮮人参の入った最高級ウオッカだ。このブランドはバングラデシュ、ネパール、スリランカにも輸出されていて、アフリカや中東でも入手できる。「ロベルト・カヴァリ」は２００９年末にインドで販売が始まった。有名なフィレンツェのデザイナーの名前を冠したこのウオッカは、イタリアで初めて造られたウオッカで、カラーラ産大理石のチップを使って濾過している。ボトルは白いガラスにヘビが巻きついたデザインで、「魅惑的かつ誘惑的。女性らしさの真髄」というのが宣伝文句だ。

インドのメーカーはプレミアム製品に加え、さまざまな種類のウオッカを提供している。ロマノ

ロベルト・カヴァリ。有名なイタリア人デザイナーの名をとった。ボトルは女性の姿を思わせる。純イタリア製の最初のウオッカ。伝統的に他のタイプのアルコール飲料を好んできた国でもウオッカ製造が広まっていった好例である。

インドで蒸溜されているホワイト・ミスチーフ。発展途上国でウオッカの国内生産が成長しつつあることがうかがえる。

フにはすでに青リンゴ、パッションフルーツなど、さまざまな香りをつけた商品があり、最近では「複数の穀類を原料とし、複数回蒸溜を重ねたインド初のウオッカ」、「レッド」を発売している。インドの映画女優シルパ・シェティは2006年からロマノフの広告に出演しており、新製品の発売にもその魅力で貢献した。この製品は国内製品のシェア20パーセントの獲得を狙っているという。別のインドのブランド「ホワイト・ミスチーフ」はバニラ、チョコレート、ストロベリーの香りつきウオッカを販売している。

花形実業家のビジェイ・マリヤもウオッカ事業に参入した。彼は2008年にロンドンビジネススクールで、ダイエット・ウオッカの製造工場を立ち上げると学生たちに宣言している。これはバンガロールにある彼の科学研究財団が開発した酒で、付加価値を考え、消化器内で糖と脂肪の細胞を破壊する成分を配合しているという。それで本当にヨーロッパのウオッカファンが幸福で元気になるかはまだわからない。等級についてＥＵと討議中で、発売が遅れているからだ。

●中国およびアジア

ウオッカにとって中国は新たな大市場となった。販売は年に約15パーセントずつ上昇しており、２０２１年には中国のウオッカ消費はアメリカと同程度になると予想される。中国には米、ソルガムその他の穀類を原料とした伝統的な強い酒、白酒（パイチュウ）があるが、ウオッカは今ではそれと同じくらいよく飲まれている。２００９年には白酒５億２０００万ケースに対し、ウオッカは４億９７００万ケースが消費されている。ウオッカの多くは外国産だ。たとえばポーランド産はヴィヴォロヴァが流通している。これは中国で２番目に人気のあるブランドで、ほかにもポーランド産ではズブロッカとアブソルヴェントが販売される予定だ。

しかし中国市場において、イギリスの巨大企業ディアジオほど大きな関心を持たれている外国メーカーはない。ディアジオはスミノフ（世界の主要なブランド。６大陸の１２０か国で販売されている）の輸出に加え、新たなプレミアムウオッカ「上海ホワイト」を発売した。ロシアと中国両方の技術を使い、半年以上時間をかけて４回蒸溜したウオッカだ。２００９年６月に香港で華々しく発売され、今では南西部の成都市（せいとし）で製造されている（この地には14世紀にさかのぼる世界最古と言わ

上海ホワイト。ディアジオが地元蒸溜所と協力して中国で製造している。昔ながらの人気を誇る強い酒、白酒と張り合うことができれば、巨大な市場が手に入るだろう。

れる蒸溜所がある）。60ドルから100ドルで売られている艶消しのボトルは芸術的で、中国風な桜の花の模様と昔の上海のアールデコ調デザインが銀と青で描かれている。

2007年に台湾でのウオッカ販売が13パーセント伸びたことで、ロシアは台湾にナンバーワンのプレミアムウオッカ、スタンダルトを輸出する好機到来と判断したに違いない。このウオッカは世界70か国に輸出されており、一番のライバルウオッカの5倍を売り上げていた。スタンダルトの売り上げはシリーズ全体で2007年に40パーセント伸びた。これは蒸溜酒のブランドのなかで4番目に速い記録だ。目標はブラジル、中国、インド市場への参入である。

ウオッカのアジアでのシェアは概して小さいが、消費はとくに若者の間で伸びている。アブソルヴェントの販売は、日本ではこの1年で倍に増えているが、ズブロッカはラオスとカンボジアで

チンギス。モンゴル製。この国の有名な英雄、チンギス・ハンの名をとった。輸出され、賞も獲得したこのブランドは、ウオッカがいかにグローバルな製品になっているかを明確に示している。

売れている。２００９年、ペルノ・リカールはバンコクのパーク・パラゴンに２０００万バーツをかけて、最初のウオッカバー、アブソルート・パークをオープンした。ウイスキーよりもウオッカ好きが増加しているタイ人の需要に応えるためで、それまで外国人や海外経験のあるタイ人が中心だった市場を拡大した。

ウズベク人の購買力増大にともない、需要の高まるプレミアムウオッカをウズベキスタンに売りこむことに成功したのは、ルースキー・スタンダルトだ。１９９８年というごく最近になってサンクトペテルブルクで誕生し、年２００万ケース以上を売り上げるこのブランドは、ロシアで最初のプレミアムウオッカだと主張しているが、製品の80パーセントをヨーロッパ、南北アメリカと、シンガポール、マレーシア、インドネシア、タイ、ベトナム、カンボジア、ミャンマー、ラオス、フィリピンといったアジア諸国に輸出している。

２００９年夏、スタンダルトはイギリスで「ルースキー・スタンダルトに会おう」と銘打った広告キャンペーンを開始した。コンテスト優勝者は無料でモスクワへの二日間の旅を楽しめる。内容は、モスクワ観光、ミス・ロシアコンテスト出場者との面会、豪華ホテルでの宿泊、モスクワ一の高級レストランでの食事、そして買い物やスパ、美容に、もちろんウオッカの試飲も含まれた。

●東欧

ウクライナのウオッカ「ネミロフ」はレディ・ガガの「バッド・ロマンス」のミュージックビデ

オに登場している。この映像はリリースから数日で800万人が視聴した。ネミロフはプレミアムブランドの45パーセントをロシアで販売している。このブランドを輸入している国はほかに35か国。カナダ、オーストラリア、アメリカ、さらには最大のウオッカ消費国ヨーロッパ、バルト海諸国、かつてのソ連であるカザフスタン、アゼルバイジャン、ジョージア、アルメニアなどだ。

チェコ最大の国内蒸溜酒メーカー、ストック・プルゼニは、2004年から2009年にかけて、ワイン人気が急速に高まりつつあるチェコ共和国でウオッカの売り上げを3倍に伸ばした。このメーカーの「ボスコフ」というウオッカは小売り市場で売り上げトップになり、蒸溜酒部門で13パーセント以上のシェアを獲得している。一番のライバル「ハナーツカー」を上回る数字だ。ボスコフはレストランやバーで一番飲まれる酒で、ウオッカ販売の25パーセントを占め、そのあとにフィンランディア(22パーセント)、「アムンゼン」が続く。アムンゼンもストック・プルゼニの製品で、11

コスケンコルヴァ。ひとりあたりのウオッカ消費量が世界最大級の国、フィンランドは、当然独自の種類を取り揃えている。この大麦を原料としたブランドは、1953年の発売以来10億本以上を売り上げている。

パーセント以上のシェアを獲得している。ストック・プルゼニは自社のウオッカに加えて、フィンランドの「コスケンコルヴァ」［大麦を原料とするフィンランド特有のウオッカ］をチェコ共和国とスロヴァキアに流通させている。

チェコの国内製品では、ほかに18世紀から製造されている「シンフォニー」というウオッカがある。広告によると、長く豊かな伝統があるこのウオッカは、「チェコ共和国と関係の深い偉大な演奏者、さらには当時美しいシンフォニーを作った作曲家のイメージを呼び起こす」。それに対し「カナビス・ウオッカ」［カナビスは英語で大麻のこと］を飲む人は、異なる種類の音楽を聴いているのかもしれない。メーカーは、「流行にマッチした、野生的でポピュラーな、瞬く間に世界中に広がる唯一無二のウオッカだ。このチェコのスペシャリティは都会のバー、クラブ、ディスコを通じてナイトライフを征服する」と宣言している。

このウオッカには大麻草（学名 *Cannabis sativa L.*）の種子が含まれているが、オーストラリアを除くすべての国で合法的に入手できる。イギリスの当局者がカナビス・ウオッカの販売にゴーサインを出すには1年間にわたる政府の綿密な調査を要した。スーパーで販売される可能性があり、若者向けの市場でアルコポップ［醸造酒や蒸溜酒をベースにした低アルコール飲料］に取って代わると予想する者もいたからだ。2004年にユコスが「ヘンプ・ウオッカ」［ヘンプは麻］を売り出した際、ロシアの当局者は難色を示したが、最終的にはロシアでも販売が認可された。ドイツでは「グリーン・ヘンプ」というウオッカが製造されている。これはアルコールを4パーセントしか含まない。また、アラスカ蒸溜所は「パーガトリー」というヘンプ・ウオッカを製造している。

◉ブラジルと南アフリカ

ブラジルでは2001年から2003年にかけてウオッカの消費が30・5パーセント増加し、年350万ケースに達した。イギリスのアライド・ドメク社はフランスのレミー・コアントロー社と協力して、ブラジルで「ボルス」というブランドを立ち上げるのに、2004年だけで250万ドルを投資している。ディアジオもブラジルがウオッカ販売のターゲットになると見ている。ブラジルでの売り上げは2003年には350万ケースにすぎなかったが、2014年には730万ケースに増加する見通しだ。サッカーワールドカップが2014年に、オリンピックが2016年にブラジルで開催されるのにともない、売り上げはさらに増加することだろう。

カシャッサはブラジルでもっともよく飲まれている蒸溜酒だ。ラムと同様にサトウキビから造られる。ブラジルの伝統的なカクテル、カイピリーニャは、クラッシュアイス、カシャッサ、砂糖、搾りたてのライムジュースで作られるが、マティーニでウオッカが事実上ジンに取って代わったように、ウオッカがブラジルのカシャッサに取って代わりつつある。カシャッサの代わりにウオッカを使ったカクテルは人気が高く、カイピヴォッカと呼ばれる。ブラジル人はウオッカが大好きで、アルコール含有量がわずか15パーセントのスパークリングウオッカ「オルロフ・ガス」も人気だ。

南アフリカでは例によってロシア風の名前の国産ウオッカ「カウント・プーシキン」が、地元の

カウント・プーシキン。この南アフリカのプレミアムブランドは、ワンタイム航空と共同で宣伝活動を行なった。

航空会社、ワンタイムと提携している。機体はカウント・プーシキンのイメージカラーで塗られ、機内の頭上の物入れにはこの飲料の広告がある。２００９年５月に開催されたエッセイコンテストの優勝者はこの飲料を激賞し、賞品としてトランプ、財布、そしてもちろんカウント・プーシキンを受け取った。

◉新しい香り

このように、ウオッカメーカーは新たな市場でプレミアムウオッカを売り出すチャンスを獲得すると、とくに都会の新たな起業家たちや将来性豊かな若者に激しい広告キャンペーンを仕掛けてアピールする。２００８年にニールセン社が行なった国際的なアルコール飲料のトレンド調査によれば、一番飲まれている蒸溜酒はウオッカだ。まさに世界中で選ばれる飲料となっている。

ウオッカはくせのない蒸溜酒なので、香りづけしたり他の飲料のアルコール度を強めたりするのに役立つ。アメリカはフレーバードウオッカがもっとも急速な成長を遂げた市場で、全ウオッカ販売の30パーセントに相当する。フレーバードウオッカはヨーロッパでも世界の他の地域でも、販売が好調だ。花、果物、さまざまな草の種、ハーブ、低木、高木が、国産、輸入ものを問わず、世界中でウオッカ造りに使われている。スウェーデンはさまざまなハーブ入りウオッカを40種以上製造している。

たとえばライ麦を使ったアメリカの「スクエアワン・ボタニカル」というウオッカには、8種の有機栽培植物（ナシ、バラ、カモミール、レモンヴァーベナ、ラベンダー、ローズマリー、コリアンダー、オレンジピール）が漬け込まれている。バジルを漬け込んだウオッカも販売されている。スウェーデンの小麦のウオッカ「ピンキー」は、さらにスミレ、バラ（花びら）といった花々と、その他10種類の植物を手でブレンドしている。「真夜中の庭園の繊細な香りとともに」というのが宣伝文句だ。

こういった植物系フレーバーの飲料に対抗するかのように見られるのが、ベーコン・ウオッカに代表される濃厚な香りをつけた飲料だ。ベーコン・ウオッカはシアトルの友人同士3人が造ったもので、本物のベーコンを使っているわけではない。さまざまな化学製品による香りだ。ヴィーガン［絶対菜食主義者］用飲料やグルテンフリー飲料として宣伝されており、本物のベーコンを漬け込んだものよりもスモーキーで強い香りがする。自家製ウオッカにベーコンで香りづけをしている人もいる。それでマティーニを作ったり、ベーコン・ウオッカにピクルスのつけ汁とデーツのシロップを混ぜてコーディアル［ハーブエキスや濃縮果汁を使った飲料］を作ったり、サラダにスプレーしたりシチューその他の肉料理に加えたりするのだという。

ほかにはスモークサーモン、ハム、チーズ、フォアグラ、ラムなどの香りをつけたウオッカもある。肉の香りをつけたウオッカに薬味がほしいと思うなら、そのあとにホースラディッシュ・ウオッカを飲むというのはどうだろう。

もちろん、逆効果になることもある。ニューヨークのあるバーのチャレンジ精神旺盛なオーナーは、感謝祭の食事にウオッカに浸した七面鳥を出した。アイルランド人の母親のアイデアだったという。彼はアルコール度数50パーセントのウオッカに3日間七面鳥を漬け込み、モモ、ラズベリー、

ベーコン・ウオッカ。アメリカのジャガイモのウオッカに人工的な香りがつけてある。他の食材や蒸溜酒とブレンドして風味豊かなカクテルを作ることを目的に造られたさまざまな新しいウオッカのひとつ。

スモークサーモンのウオッカ。アラスカ蒸溜所はサーモンが豊富に捕れることを利用して、この独創的なウオッカを造った。どんな肉も魚もハーブもスパイスも、冒険的な消費者にアピールし、創造的なウオッカ造りに役立つ可能性がある。

サクランボ、リンゴで香りづけした。この七面鳥ディナーには、ウオッカを使ったグレイビー、クランベリーソース、サツマイモ、そしてマンハッタンのどこにでもタクシーで送ってくれるサービスが含まれていた。アメリカで最初に感謝祭を祝った清教徒の時代とは大きく変わったものだ。

野菜その他の食べ物とウオッカを合わせたカクテルも、いくつかのバーで出されている。たとえばニューヨークのルシアン・ウオッカ・ルームは、25ドルでキャヴィティーニというカクテルを提供している。ウオッカベースで、グラスには薄切りのキュウリが浮かび、その上にキャビアがのせてある。「ハンガー・ワン」というウオッカにはチポトレ［香りの強い赤トウガラシ］やワサビで香りづけしたものがある。それ以上に風変わりなのは、スリー・オリーヴスというブランドの風船ガム風味のウオッカ、「スリー・オ・バブル」だろう。リアリティテレビのスター、キム・カーダシアンとクロエ・カーダシアンが宣伝をしていた。この香味料は私たちのなかに残っている子供の部分にアピールするよう考案されたのだろうか。

１９９４年、フィンランドのフィンランディアはプレミアムブランドのなかで初めて、果物を漬け込んだインフュージョンドウオッカを発売した。クランベリー、ライム、マンゴー、レッドベリー、グレープフルーツ、タンジェリンの味がある。１９９６年にはストリチナヤがラインナップを拡大し、６つの新製品を世界市場にデビューさせた。この10年で品揃えはさらに増え、今ではきわめて自然な香りの8種類のウオッカを提供している。ストリチナヤ・ラズベリー、ストリチナヤ・オレンジ、ストリチナヤ・バニラ、ストリチナヤ・ピーチ、ストリチナヤ・クランベリー、ストリチナヤ・シトラス、ストリチナヤ・ストロベリー、そして２００６年5月に発売したストリチナヤ・ブルーベリーだ。カリフォルニアのスカイというウオッカには、パイナップル、サクランボ、ブドウ、メロン、ラズベリー、シトラス、パッションフルーツ、バニラ、オレンジを漬け込んだものがある。

生の果物を漬け込んだウオッカは、自然で新鮮な食べ物を期待する消費者にアピールする。彼らはそういった飲料が健康的だと考えて（あるいはひとり合点して）いるのだ。ガラスのボトルのラベルに果物が描かれていると、とくに効果が高い。

スポークスマンによると、インフュージョンドウオッカのもうひとつの魅力は、「ウルトラ・ラグジュアリーなウオッカからもっと安いものに切り替えられる」点だ。有名なブランドからもっと手ごろな価格でぜいたくなインフューズドウオッカへと移行できるのだ。スミノフは「ツイスト」というシリーズ名で、シトラス、クランベリー、オレンジ、アップル、ラズベリー、ブラックチェリー、ライムなど、香りづけをしたウオッカを提供している。パーマフロストはストレートのウオッカに加えて、ライチの香りつきウオッカを発売している。オランダのスーパープレミアムウオッカ「ヴァン・ゴッホ」は19種類のインフュージョンドウオッカが自慢だ。カリフォルニアの「チャーベイ」というウオッカには、ブラッドオレンジ、マイヤーレモン、レッドラズベリー、ザクロの香りをつけたものがある。

果物、野菜、ハーブを漬け込んで独自のウオッカを作っているバーもある。プレーンなウオッカを大きな瓶に入れ、果物やハーブを5日間ほど漬け込んで香りがついたら取り除き、漉して、できたてのインフューズドウオッカを提供するのである。市販のウオッカよりも力強くてフレッシュな香りがするという。

●果物から造るウオッカ

しかし最近では、果物を漬け込んだりあとから香りづけをしたりするのではなく、直接果物から造ったウオッカもある。２００９年10月、新たなウオッカがマイアミのクラブにお目見えした。

ネイキッド・チェイス。オーガニックのシードル用リンゴを原料としている。このイギリスのウオッカは保守的な人間には受けないかもしれないが、おいしいとよろこぶファンもいる。

フロリダで栽培したパーソンブラウン、テンプル、ヴァレンシア、ハムリンという4つの品種のオレンジから造った「4オレンジウオッカ」だ（750ミリリットルにオレンジ20個分が入っている）。2009年にはハートフォードシャーのある会社が、オーガニックのイギリス産シードル用リンゴを蒸溜した新たなウオッカを発表している。「ネイキッド・チェイス」という名で、アルコール度数42度のウオッカに何も加えていないことからこう名づけた。

「スリー・オリーヴス」は果物の香りから離れ、トリプル・ショット・エスプレッソやルートビア・トマトといった大胆な味わいを売り物にしている。スペインの「スピリチュアル」というウオッカには「最高に甘いキャラメル」が入っている。ほかに甘いウオッカといえば、アメリカの有名なミクソロジスト［さまざまな素材、製法によって新しいカクテルを生み出そうとするバーテンダー］、トッド・サッチャーが考案したマックグリドルというカクテルがある。マクドナルドのメープル味のパンケーキのような味で、ベーコンを漬け込んだウオッカにクリーム、メープルシロップ、全卵、粉砂糖を混ぜたものだ。実際に飲んだ人によれば、とても甘くておいしいデザートドリンクだという。

もうひとつの甘いウオッカ飲料を気に入るのは、おそらくハロウィンのキャンディコーンを食べ慣れているアメリカ人だけだろう。ウオッカに数時間キャンディを漬け込む。そして甘くて飲みやすいカクテルにするために別のリキュールを混ぜるようだ。モダン・スピリッツはパンプキンパイ味のウオッカを製造している。ピューレ状のカボチャとスパイスで造るもので、秋に打ってつけの甘いウオッカだ。

イギリス人好みのウオッカでは「チェイス・マーマレード」がある。ウオッカをアイスクリームに入れ（逆ではない）、ウオッカアイスクリームを作るという手もある。今のところ広く販売されてはいないようだが、家庭で作ることができる。また、イスラエルのパン職人は、ウオッカ好きの大人のために、ハヌカーの祭りに「ホリッツァ」というウオッカに浸したジャム入りドーナツ（スフガニヤ）を焼く。アルコール含有量は缶ビールほどだ。

チェイス・マーマレード。セヴィーリャのオレンジが漬け込まれているこの新しいウオッカのように、さまざまな果物の香りのウオッカが増えている。

◉なんでもあり

何世紀もの間、ウオッカはプレーンなまま、あるいは何かを漬け込んで飲まれてきた。インフューズドウオッカは数多く出回っているが、創造力を駆使して、ときには試作も兼ねて、自分でインフューズドウオッカを作って楽しむ人もいる。あるイギリス人愛飲家は、生垣のニワトコやスロー、庭のスモモ、あるいは畑のイチゴやブラックベリーやブルーベリーやラズベリーを集めてきてはウオッカに漬け込んでいる。庭には漬け込みに向くルバーブやハーブもあるだろう。プレーンウオッカにバニラビーンズを入れるくらいなら誰にでもできる。プレーンウオッカは、ウオッカ・マティーニなど、カクテルのベースになる。ベーコン風味のウオッカにチョコレートを混ぜたウオッカ入りチョコレート飲料もある。

また、いわゆるズールーはウオッカ、ジン、ラム、テキーラを混ぜた命にかかわるようにも思えるカクテルだが、炭酸入りのブラッドオレンジジュースを混ぜて、背の高いグラスで供される。要するに、アイデア次第でウオッカに何を入れてもいいということだ。

ウオッカにはどんなリキュールやジュースでも混ぜることができる。あるいは前述したようにハーブ、果物、肉、野菜、甘いものを漬け込んでもよい。爬虫類を1、2匹放り込むのもありだろう。

ピナクルのホイップドクリーム・ウオッカ。甘党はこのアメリカのウオッカをストレートで飲むかもしれないが、当初はリキュールやチョコレート風味、あるいはコーヒー風味のウオッカと混ぜて甘いカクテルを作ることが想定されていた。若い愛飲者に好まれるエキゾチックなウオッカの市場が広がっていることの一例だ。

カフェイン入りの「ヴィシャス」というウオッカは、ボトルが「吸血鬼風」であることが自慢だ。すりガラスに黒と赤のデザインで、残忍で狂暴な雰囲気を漂わせている。イギリスの「ブラヴォド」というウオッカも黒い色をしているが、それはアジアに生えるガンビールノキ（学名 *Uncaria gambir*）のエキスで造られているからだ。このブラヴォドや「ヴァンパイア」というウオッカはハロウィンに打ってつけの飲み物だろう。

ヴァンパイア。現在のヴァンパイア人気を利用しているこのウオッカは透明なものと赤いものとがある。赤いものはとくにハロウィンパーティー向けで、ニッチなウオッカ製品の好例だ。

◉若者は甘いウオッカ飲料を好む

フレーバードウオッカのなかには、明らかに大人だけでなく若者をターゲットにしたものがある。若者は砂糖の入ったソフトドリンクやとても甘い飲料に慣れているので、法的な飲酒年齢に達すると、甘くてフルーティーでラムの香りのするウオッカに引きつけられる。欧米の若者は香りをつけた缶入りアルコール飲料、「アルコポップ」を好む。これは一見無害だが、長期間飲みつづけると甘いアルコールばかり飲むようになる可能性も否定できない。通常、アルコポップ（蒸溜酒業界では認識されていない名前だ）はモルトがほとんど除かれてホップも入らない低アルコールのビールがベースになっているが、そこにウオッカ、穀物アルコール、砂糖、着色料、香味料が加えられている。アメリカではこういった飲料はビールに分類され、酒を販売する許可証のない店でも合法的に販売されている。

あるイタリアの健康の専門家は、若者の大量飲酒が急増した原因のひとつはアルコポップだと考えている。多くの若い消費者がアルコポップをノンアルコール飲料だと思っているからだ。１９９０年代末からスミノフは「スミノフアイス」というシトラス風味のモルト飲料を製造している。これはちょっと変わった場所や状況で踊る若者たちの宣伝で知られている。

「フリーキー・アイス」は世界で唯一のアルコール入りアイスキャンディ（ポプシクル）だという。アルコール度数４・６パーセントのフローズンウオッカで、レモン味、サクランボ味、パッションフルーツ味があって、チューブから絞り出して食べる。もともとはオランダの製品で、現在はニューヨークで製造されているが、ニューヨーク州をはじめとするいくつかの州とニュージーランド、オーストラリア、スペイン、イギリス、スウェーデンでは禁止されている。外見が子供用のアイスキャンディにそっくりだからだ。

若者をターゲットにしたアルコポップや購入後すぐ飲めるアルコール飲料（通常は炭酸入り）の

販売に反対する人々は、簡単に混ぜたり酔っぱらったりできるこういった飲み物は、ウオッカ消費への「入口」になると主張する。若者がこういった低アルコールのウオッカ飲料からウオッカへと進み、簡単にクランベリーや他のジュースを混ぜて好みの甘さにすることで、もっとアルコールの強い飲料への階段を上がっていくのを恐れているのだ。

インバーハウス社は、炭酸入りウオッカにタウリンとカフェインをブレンドした、ラズベリーやブラックカラント風味の「ウィー・ビースティ」という商品を一時販売していたが、中止した。アルコール度数9パーセントから11パーセントのフルーツ風味のモルト飲料は、カフェインの量と他の合法的な興奮剤の量が公表されていない。「イーヴル・アイ」「マックス・フューリー」「ワイド・アイ」「ジュース」「スリングショット・パーティー・ジェル」といった名前の商品で、ターゲットは大学生だ。

アメリカでの調査によれば、大学生の24パーセントがカフェイン入り飲料を混ぜたアルコールを1か月に一度は飲んでいる。オランダのスーパープレミアムウオッカ、「V2」はカフェインとタウリン入りだ。タウリンは必須アミノ酸で、レッドブルその他のエナジー飲料に配合されている。オランダの小麦のウオッカ「P.I.N.K.」にはカフェインとガラナ（強い興奮剤）が入っていて、ひと晩じゅう飲んだり踊ったりしたい人が飲む。ジャガイモを原料にしたアメリカのエナジーウオッカ「ザイゴ」には香味料だけでなく、ガラナ、マテ、タウリン、d-リボースという4つの成分が入っている。当初ポーランドで製造されていたウオッカ「ヴィア・グアラ」は、今はアメリカでも手に入る。これにはガラナとショウガの香りがつけられている。

一部の若者の間では、エナジーウオッカには代謝作用を上げる効果（それゆえ体重が減少する）や、催淫効果があると考えられている。健康の専門家のなかには、飲料に含まれるカフェインの正確な量を明示すべきだという意見もある。アメリカの食品医薬品局は、約27のカフェイン入りウオッカのメーカーに製品の安全性を証明するよう求めている。この種の飲料によって飲酒運転、性的暴力、その他の破壊行動、さらには心拍異常が増加する恐れがあると、州検事の特別専門調査会が主張しているからだ。

第11章◉ウオッカの未来

ウオッカはそのくせのなさ、飾り気のなさ、汎用性の高さにより、国際的な蒸溜酒となった。ウオッカはアルコール界のカメレオンと言ってもよい。アメリカでウオッカ人気が高まっていることから、カリフォルニア州ビバリーヒルズのレストラン、ニックスは「ヴォド・ボックス」を設置した。歩いて入れるユニークな冷凍庫で、10人強の厳重に防寒した客が約80種類のウオッカのなかから好みの小瓶を選んで飲むという（特許取得済み）。カリフォルニア州サンディエゴのダウンタウンで売られている蒸溜酒の75パーセントはウオッカであると言われている。あるウオッカ愛好家がこう書いている。「ウオッカは今なお透明な蒸溜酒の世界を支配している。おそらく造るのが比較的簡単で、オーガニックな原料から造ることができるからだろう」。どんな飲み物にも変身できるからだ、とつけ加える者もいるかもしれない。ただ酔うだけでなく、自分が描いたイメージどおり

ヴォド・ボックス。カリフォルニア州ビバリーヒルズのニックス・バー＆レストランにある、特許をとった発明品。冷蔵庫のような小部屋のなかで客は存分にウオッカを楽しめる。ただし毛皮のコート着用が推奨される。

の飲み物を作り上げることができるからだ。

サンクトペテルブルク大学の教授、エヴゲニー・モスカレフは、最近ウオッカも含めた液体を粉末にする技術を完成させた。液体を粉末にして包装できれば、スペースも節約できるし瓶詰めの手間も省ける。粉末をカプセルに入れて飲みたい人にとっては非常に便利だ。ただし、粉末だとワックスのような味がする。パンに入れて焼くというのが粉末アルコールの最上の利用法のようだ（甘みで香りを隠すこともできる）。ポケットからカプセルをひょいと取り出して口に入れ、ほろ酔い気分になりたい人もいるかもしれないが、教授自身は昔ながらのやり方でウオッカを飲むほうが好きだと言う。

ウオッカから不純物を取り除く方法を研究する科学者もいる。多くの飲酒者は、ウオッカにフーゼル油や不純物が少ない点をとくに高く評価している。二日酔いしにくいという。2009年、R&Dマガジンは、アイオワ州立大学で環境生物学工学技術を研究するヴラスタ・クライマ・バルーン教授と、ハンス・ヴァン・レーウェン博士をその年もっとも創意工夫に富む研究をした科学者に選んだ。アルコールの精製とその他の工業精製における革新的な研究が選定の理由だ。彼の精製方法はオゾンと活性炭を使用してアルコール中の好ましくない物質を減らすというもので、不快な味や臭いを除去し、製品をまろやかにする。典型的な複数回蒸溜のプロセスを補うこの技術は、今では「レーウェノフ」というウオッカの製造に使われており、これが世界一純粋なウオッカであることはヴァン・レーウェンと、同僚であるヤツェク・A・コジエル、リンシャン・カイによって認証されている。

ウオッカを適度に飲むのが健康によいという医学的なエビデンスはいくつかある。オランダでは、毎日ウオッカを少量飲むことで動脈の炎症とうっ血を防げるかや、糖尿病や心臓病のリスクを減らせるかどうかについて検証が行なわれている。ルーマニアの医師たちも、医療費削減のために毎日30グラムのウオッカ「一服」で心臓病の患者を治療できるかどうかを研究している。

物事が速いペースで進んでいく世界では、ウオッカの製造においてもスピードが重要だ。現在の「ウオッカ・エイジ」はジンを脇に追いやった。ウオッカはジンの4倍以上飲まれている。世界的にウオッカ人気が高まっている理由としては、比較的製造が簡単なこと、大がかりな宣伝、創造の可能性の大きさ、汎用性の高さが挙げられるだろう。漬け込む素材や香味料など、次々と新たな試みがなされるのに対し、「プリマス・ジン」の蒸溜責任者ショーン・ハリソンはこんなジョークをとばしている。近い将来、ウオッカメーカーはジンを発明するよ、と。おそらくこれはジョークではない。なんと言っても、オランダのヴァン・ゴッホはアブサン酒の香りがするウオッカまで製造しているのだから！

実際、２００９年8月18日付けの報告書によれば、アルコール産業においてウオッカ部門は最速で成長を遂げている。２００８年には世界全体での売り上げが約5億１３００万ケースにまで達した。年に30億リットル以上飲まれている計算となり、実際、この20年で販売量は2倍を超えた。ウオッカは世界で消費される蒸溜酒の18パーセントを占めている。アメリカでは全蒸溜酒の売り上げの29パーセント。どの国にもウオッカ以外に伝統的な蒸溜酒があることを考えれば、これは驚くような数字だ。成長が著しいのは、ウオッカ発祥の地とされるロシアとポーランドの「ウオッカベルト」だ。経済が不況でもウオッカの消費は減っていないと思われる。もっとも、消費者の選択はグレイ・グース、アブソルート、ストリチナヤといったプレミアムブランドから、スカイ、スヴェトカ、ソビエスキといった、比較的低価格のブランドに移行している。イギリスの蒸溜酒メーカーで世界最大規模を誇るディアジオはあらゆる価格帯のウオッカブランドを持っているので、有利な立場を保持できた。

ウオッカと異なり、ワインはテロワールで定義される。これは産地の土壌、地域的な特徴、伝統的な醗酵法、歴史、気候などを指し、その土地独自の香り、風味、味わいを何年、何十年という年月をかけて造り上げていくのに欠かせない。製品がバーガンディやキャンティを名乗れるのはテロワールゆえだ。当然、テロワールのワインは瓶詰めされるまでその土地から出ない。もちろん蒸溜酒のなかにも国々を特定するものはある。「スコッチウイスキー」はスコットランド、「コニャック」はフランス、「バーボン」はアメリカで製造されたものだけがその名を名乗れる。一方、ウオッカはルーツがはっきりしていない。ポーランドとロシアには他の国とは比べものにならないほどのウオッカの伝統があるが、同じ材料と同じ蒸溜プロセスを用いればどこででもほぼ同じものを造れるので、国を問う意味がない。ウオッカはその製造法ゆえに原産地を名乗る必要はないため、特別な名前を持たないアルコールなのだ。実際、広告に謳われていなければ、だれも産地を特定できない。あるウオッカを味わって、ベースとなるジャガイモの産地がポーランドかメイン州かウクライナかアイダホ州かドイツかを言える人はいない。稀釈用の水の産地がオレゴン州の川か、ニュージーランドの帯水層か、アイスランドの氷山かを当てられる人もいない。味わっただけでフィルターが砂か、水晶か、ダイヤモンドか、炭かステンレス鋼のメッシュかを特定できる人もいない（ただし付け加えておくと、ウオッカにもテロワールは存在するとし、土と原材料がウオッカの性質に影響を及ぼすと主張する蒸溜家もいる）。

ウオッカは神秘的な飲み物である。その歴史同様、起源も謎のままだ。蒸溜家や消費者によって加えられる香味料で味わいは変わるが、蒸溜や濾過のプロセス同様、麦芽汁の性質によっても製品の味わいや口当たりのよさを変えることができる。つまり、ウオッカに関しては地理は決定的な要因ではない（もっとも、ウオッカが世界中で飲まれる酒になった理由はまさにそういった点なのだが)。グローバル化という概念が生まれる前から、ウオッカにはグローバル化する潜在力があった。住民の移動、情報伝達の簡便化、海外からの出資や外国人による所有を可能にする国際インフラの構築、製品の国際的需要(一部は宣伝によって作り上げられた)、そして蒸溜のノウハウを得るのが比較的容易になったことで、根無し草だったウオッカは世界を股にかける存在になりえた。バッカスに敬意を払いながら、よろこんでウオッカを飲む人々が世界中にいるだろう。マルサス[イギリスの古典派経済学者。『人口論』でとくに著名]に敬意を払い、世界の人口減少に貢献するために飲む者もいるだろう。

再び問おう。ウオッカとは何か? 結論から言うと、ウオッカとはウオッカ自体が抱える矛盾をはるかに超える偉大な酒である。モダンな酒の典型でありながら、このように長くて豊かな歴史を持つ飲み物がどこにあるだろう。事実上どんな場所でも造れるのに、ロシアやポーランドの雰囲気を失わずにいる飲み物がどこにあるだろう。人生のさまざまな祝いの場に登場しながら、人生に多くの悲劇をもたらす飲み物がどこにあるだろう。ウオッカに普遍的な定義は存在しない。その代わり、ウオッカはプリズムの役割を果たす。人々はそれを通して自らの人生と時代を眺めるのだ。カタロニアの偉大な芸術家パブロ・ピカソは、戦後フランスでもっとも注目すべきものは何かと聞かれてこう答えた。「ブリジット・バルドー、モダンジャズ、それからポーランド・ウオッカ」

謝辞

原稿を読んで感想を述べ、忠告し、訂正してくれた子供たち、ディヴィッド、フェリックス、グレゴリー、アイリーンに乾杯。キャスリーン・マクブライドは文章表現にアイデアを出してくれた、なくてはならない存在だ。彼女とヘレン・F・シュミーラーがレシピの相談にのってくれたことにも感謝する。ヘレン・ハーリヒーとクリストファー・ハーリヒーは親切にも研究資料を提供してくれた。ウオッカとその重要性についてサラ・W・トレーシーと交わした議論は、私の考えを活性化してくれて、おかげでこの本を書くことができた。リューバ・シュリラーは私のロシアに関する記述をチェックしてくれた。彼女とモーリス・ハーリヒーとスティーヴン・マークスは本書で述べられている逸話のいくつかを教えてくれた。リンダ・ヒンメルシュタインはウオッカ会社の調査を快く手伝ってくれた。

ポーランド関係ではスコット・シンプソン、パトリス・ダブロウスキ、そしてとくにルカス・チャイカに非常にお世話になった。チャイカのウェブサイト www.czajkus.friko.pl は本書にいくつかの図版を提供してくれた。ヴィタ－リ・コマールには、彼のすてきなウオッカカードに感謝する。ふたりの匿名のコレクターは、私に写真複製の許可を与えてくれた。ひとりには「スパシーボ」、もうひとりには「メルシー」と言いたい。

友情をこめて、そして幸せな思い出とともに、オデッサからモスクワまで、そして合衆国じゅうのすべてのウオッカ仲間に乾杯。

訳者あとがき

本書、『ウオッカの歴史 *Vodka: A Global History*』は、さまざまな食材や料理の歴史について読み解く、「食」の図書館シリーズの一冊だ。イギリスの Reaktion Books から刊行されている原シリーズ（The Edible Series）は、２０１０年、料理やワインについての良書を選定するアンドレ・シモン賞の特別賞を受賞している。

ウオッカと聞いてまず第一に連想する国はロシアだろう。この国の長く寒い冬に、火酒とも呼ばれる強い酒は、体を温めるのにいかにも打ってつけのように思われる。実際、ロシアの小説や民話にはウオッカが頻繁に登場するし、ソヴィエト時代の日本人駐在員の著書で、なにか特別な便宜を払ってもらう場合には、袖の下としてウオッカを渡すのが当然だった、などという話も読んだ覚えがある。強い酒だからというのもあるだろうが、依存症に陥る国民も多く、それは古くから支配者層を悩ませてきた。労働力や兵力は確保したいが、税収が減るのは困る。何より締めつけを厳しくしすぎて国民の反発を食らえば元も子もない。本書で明かされているウオッカをめぐる支配者の政策の変遷は興味深い。

かようにロシアと関係が深く思われるウオッカだが、その誕生については定かでない。ロシアはもちろん、ポーランドやウクライナもわれこそが発祥の地だと主張しているが、実際にどうだったかは曖昧なままである。著者もこの問題に結論が出ることはあるまいと述べている。不明であるのは、ウオッカの製造に特別な地域的条件が不要だということも関係しているだろう。原料となる穀類、醱酵に必要な酵母、そして蒸溜の技術さえあれば、どこで生まれたとしても不思議ではないのだ。どこでも造れる、というと稀少性に欠け、人々に強くアピールするには不利にも思えるが、ウオッカは地域を選ばないことで、かえって世界中に広まったとも言える。

ウオッカには他の酒にない特徴がもうひとつある。同じ蒸溜酒であるウイスキーやブランデーが香りや風味を重視するのと異なり、徹底的に無味無臭無色を目指したという点だ。ならば、どのブランドでも味に大差はないのではないかと思いたくなる。著者も稀釈用の水がどのようなものなのか、フィルターに何を使っているかを味わっただけで特定できるひとはいない、と述べている。しかしウオッカ通は原材料が残したかすかな味わいを楽しむ、ともある。それを残しながら、いかにクリアな製品を造っていくかがメーカーの腕の見せどころなのだろう。かなり奥が深い。実際のところどうなのかは、各自の舌とのどと鼻で試していただくほかない。

では、日本でのウオッカの需要はどうなのだろうか。スーパーの酒売り場での品ぞろえから察すると、ワインやビールほどには飲まれていないようだ。しかし、ウオッカをストレートでぐいぐい飲んだことはなくても、モスコー・ミュールやスクリュー・ドライバーといったカクテルとして口にしたことがある人は多いのではないだろうか。無味無臭無色という特徴のおかげで、ウオッカの可能性は逆に広がっている。カクテルのベースにするだけでなく、果物やハーブや、ときには肉や魚など、さまざまな素材を漬け込むことで他の酒とは比べものにならないほどの楽しみ方ができるのだ。これはウオッカだからこそできる楽しみ方だろう。

本書の刊行にあたっては、多くの方々にお世話になった。とくに原書房の中村剛さん、本書を訳す機会を与えてくださったオフィス・スズキの鈴木由紀子さんに、この場を借りて心からの感謝を申し上げたい。

２０１８年12月

大山　晶

写真ならびに図版への謝辞

図版の提供と掲載を許可してくれた関係者にお礼を申し上げる。

Anonymous collector: pp. 10, 11, 46, 61上下, 63; Altia Company, Finland: p. 137; Bakon Vodka Co.: p. 142; Bolshoi Theater: p. 30; © The Trustees of the British Museum, London: p. 8; Roberto Cavalli Vodka Co.: p. 131; Chase Distillery Ltd: pp. 146, 148; Cold River Vodka, Freeport, Maine: p. 19; Corbis: p. 76 (Pascale Le Segretain/Sygma); Crystal Head Vodka: p. 102; Lukasz Czajka: pp. 36-37, 52上下, 116; Courtesy of Diageo: pp. 84, 106, 134; Death's Door Spirits: p. 103; Distilleries LLG Alaska Distilleries: pp. 22, 50, 143; DSG-Group s.a.: p. 122; Firestarter: p. 99; Gersheim Photographic Corpus of Drawings: p. 58; Getty Images: p. 21; Harvard Fine Arts Library, Visual Collection: p. 64; Imperator Ltd: p. 28; Imperial Brands Limited: p. 48; Istockphoto: p. 6 (Mafaldita); Vitaly Komar: p. 74; Michael Leaman: p. 16; Library of Congress, Washington, DC: p. 41; London Island Spirits: p. 123; Marussia Beverages B.V.: p. 93; The New Muscovy Company: p. 40; New York Public Library: p. 66; Nic's Beverly Hills: p. 156; SSB Trade LLC: p. 135; Signature Vodka (MASV): p. 26; University of California, San Diego: p. 88; US National Library of Medicine, Bethesda, Maryland: pp. 17, 44, 78; Valentine Distilling Co.: p. 13; Vampyre Vodka Company: p. 150; Vodka Museum, Uglich, Russia: p. 43; Waterdog Spirits, LLC: p. 107; White Mischief: p. 132; White Rock Distilleries: p. 149.

Transchel, Kate, *Under the Influence: Working-Class Drinking, Temperance, and Cultural Revolution in Russia, 1895-1932* (Pittsburgh, PA, 2006)

Vodka: Invigorating Vodka Cocktails (London, 2007)

Walton, Stuart, *Vodka Classified: A Vodka Lover's Companion* (London, 2009)

White, Stephen, *Russia Goes Dry: Alcohol, State and Society* (Cambridge and New York, 1996)

参考文献

Christian, David, *Living Water: Vodka and Society on the Eve of Revolution* (Oxford, 1990)

Ermochkine, Nicholas and Peter Iglikowski, *40 Degrees East: An Anatomy of Vodka* (New York, 2003)

Hamilton, Carl, *Absolut: Biography of a Bottle* (London, 2000)

Herlihy, Patricia, *The Alcoholic Empire: Vodka and Politics in Late Imperial Russia* (Oxford, 2002)

——, 'Revenue and Revelry on Tap: The Russian Tavern', *Alcohol, A Social and Cultural History*, ed. Mack Holt (Oxford, 2006)

——, 'Joy of the Rus': Rites and Rituals of Russian Drinking', *Russian Review*, 50 (April 1991), pp. 131-147

Himselstein, Linda, *The King of Vodka: The Story of Pyotr Smirnov and the Upheaval of an Empire* (New York, 2009)

Kerr, W. Park, and Leigh Beisch, *Viva Vodka: Colorful Cocktails With a Kick* (San Francisco, CA, 2006)

Levinson, Charles, *Vodka Cola* (London and New York, 1978) [『ウオッカ＝コーラ——米ソの経済ゲオポリティク戦略』チャールズ・レビンソン著／清水邦男訳／日本工業新聞社／ 1980年]

Lewis, Richard W., *Absolut Book: The Absolut Vodka Advertising Story* (Boston, MA, 1996)

Long, Lucy M., ed., *Culinary Tourism* (Lexington, KY, 2004)

Nicholas, Faith, and Ian Wisniewski, *Classic Vodka* (London, 1997)

Phillips, Laura A., *Bolsheviks and the Bottle: Drink and Worker Culture in St. Petersburg, 1900-1929* (De Kalb, IL, 2000)

Pokhlebkin, Viliam Vasilevich, *A History of Vodka* (London and New York, 1992)

Ruby, Scott, 'A Toast to Vodka and Russia', in The Art of Drinking, ed. Philippa Glanville and Sophie Lee (London, 2007), pp. 126-133

Simpson, Scott, 'History and Mythology of Polish Vodka: 1270-2007', *Food and History*, vol. VIII/I (2010), pp. 121-148

Starling, Boris, *Vodka* (London, 2004)

世界のウオッカ

ここに挙げたのは世界であなたを待っているウオッカの一例だ。乾杯！

アイスランド

レイカ Reyka Vodka（小麦と大麦，地熱を利用した蒸溜，火山岩で濾過）

アイルランド

ボル Boru Vodka（大麦，5回蒸溜，オークの炭で濾過）
ユザール Huzzar Vodka（穀類，3回蒸溜，アメリカシラカバの炭で濾過）

アゼルバイジャン

ハーン Xan Vodka（穀類，3回濾過）

アメリカ

UV UV Vodka（トウモロコシ，4回蒸溜，活性炭で濾過）
V-ワン v-One Vodka（スペルト小麦，ポーランドで5回蒸溜）
ウオッカ14 Vodka 14（オーガニックのトウモロコシとライ麦，4塔式連続蒸溜，活性炭と水晶で濾過）
ウオッカ7000 Vodka 7000（オート麦，銅製ポットで蒸溜，硬岩帯水層で濾過）
コールド・リヴァー Cold River Vodka（ジャガイモ，銅製ポットで3回蒸溜）
シーラス Cirrus Vodka（ジャガイモ，ポットスチルで3回蒸溜，濾過）
スカイ Skyy Vodka（小麦，4回蒸溜，木炭で3回濾過）
スクエア・ワン・オーガニック Square One Organic Vodka（オーガニックのライ麦，4塔式コラムスチルで蒸溜，マイクロペーパーで1回濾過）
スミノフ Smirnoff Vodka（穀類，3回蒸溜，木炭で10回濾過）
ゾディアック Zodiac Vodka（ジャガイモ，4塔式91段階蒸溜プロセス，カナダのシラカバの木炭と水晶で濾過）
ティトス・ハンドメイドウオッカ Tito's Handmade Vodka（トウモロコシ，6回蒸溜）
デスドア Death's Door Vodka（硬質赤色秋まき小麦と麦芽にした大麦，ハイブリッド・ポットとコラム・スチルで少量ずつ3回蒸溜）

パーマフロスト Permafrost Vodka（ジャガイモ，3回蒸溜，氷河の水）
ビー Bee Vodka（ハチミツ，3回蒸溜，銅製ポットスチル，銅製コラム）
ブラック・ラブ Black Lab Vodka（穀類，カスケード山脈の水，木炭で5回濾過）
ポポフ Popov Vodka（穀類，1回蒸溜，木炭で濾過）
ムーン・マウンテン Moon Mountain Vodka（トウモロコシ，銅製ポットスチルで蒸溜）
リヴ LiV Vodka（ジャガイモ，銅製スチル，3回蒸溜）
レイン・オーガニックス Rain Organics Vodka（オーガニックのホワイトコーン，7回蒸溜，活性炭とダイヤモンドの粉末で濾過）

イタリア
ドゥーエ due' Vodka（穀類とブドウ，4塔式4回蒸溜）
メッツァルナ Mezzaluna Vodka（100パーセントセモリナ小麦，3回蒸溜，4回濾過）
ロベルト・カヴァリ Roberto Cavalli Vodka（穀類，5回蒸溜，カラーラ産大理石のチップで濾過）

イングランド
ヴァンパイア・レッド Vampyre Red Vodka（小麦，3回蒸溜，10ミクロンフィルターで濾過）
クリスタルナヤ Cristalnaya Vodka（穀類と植物，3回蒸溜）
スリー・オリーヴス Three Olives Vodka（小麦，4回蒸溜，4回濾過）
タンカレー・スターリング Tanqueray Sterling Vodka（穀類，高アルコール度の蒸溜）
チェイス Chase Vodka（ジャガイモ，銅製ポットスチルで5回蒸溜，木炭で濾過）
チェコフ・インペリアル Chekov Imperial Vodka（穀類，3回蒸溜）
ブラヴォド・ブラック Blavod Black Vodka（モラセス，3回蒸溜，2回濾過）
レッド・スクエア Red Square Vodka（穀類，3回蒸溜，炭素で濾過）

インド
ホワイト・ミスチーフ White Mischief Vodka（混合した穀類，3回蒸溜，炭素で濾過）
ロマノフ Romanoff Vodka（混合した穀類，3回蒸溜，3回濾過）

ウェールズ
ブレコン・ファイブ Brecon Five Vodka（小麦と大麦，5回蒸溜）

ウクライナ
ネミロフとネミロフ・ハニーペッパー Nemiroff Vodka and Nemiroff Honey Pepper Vodka（小麦，木炭で濾過）
ホールティッツァ Khortytsa Vodka（小麦，近代的蒸溜システム，水晶で濾過）

エストニア
ヴィル・ヴァルゲ Viru Valge Vodka（穀類）
ストォン Stön Vodka（小麦，4回蒸溜，石灰石で濾過）
トゥリ Türi Vodka（ライ麦，4回蒸溜，木炭で濾過）
トール・ブロンド The Tall Blond Vodka（さまざまな穀類，トリプル蒸溜）

オーストラリア
クーランボン CoranBong Vodka（ブドウ，10回蒸溜）
ダウンアンダー Downunder Vodka（オーストラリアのサトウキビのモラセス，銅製コラムで3回蒸溜）
ドット・オー DOT AU Vodka（オーストラリアのサトウキビ，3回蒸溜，オーストラリアの木炭で濾過）

オーストリア
オーヴァル Oval Vodka（小麦，3回蒸溜）
モノポロワ Monopolowa Vodka（ジャガイモ，3回蒸溜）

オランダ
ヴィンセント・ヴァン・ゴッホ Vincent Van Gogh Vodka（小麦，トウモロコシ，大麦，3回蒸溜）
ヴォックス Vox Vodka（小麦，5回蒸溜）
ウルスス Ursus Vodka（穀類，3回蒸溜）
エフェン Effen Vodka（上質な小麦，連続的な精留蒸溜，ピートで濾過）
カーディナル Cardinal Vodka（小麦，漸進的な蒸溜3回）
ケテルワン Ketel One Vodka（小麦，1691年以来の一族秘伝の銅製ポットによる蒸溜，木炭で濾過）

セックス II IV VII VI III VI V Sex II IV VII VI III VI V Vodka（穀類，4塔式蒸溜，3回の濾過）
ボルス Bols Vodka（穀類，4回蒸溜，銅と石炭で濾過）
ボン・スピリッツ Bong Spirit Vodka（小麦，6回蒸溜，4回木炭で濾過）
ロイヤルティ Royalty Vodka（小麦，4回蒸溜，活性炭で5回濾過）

カザフスタン

スノー・クイーン Snow Queen Vodka（オーガニックの小麦，5回蒸溜，シラカバの炭で濾過）

カナダ

アイスバーグ Iceberg Vodka（スイートコーン，3回蒸溜，氷山の水）
アルバータ・ピュア Alberta Pure Vodka（プレイリーの穀類，3回蒸溜，濾過）
インフェルノ・ペッパー Inferno Pepper Vodka（ライ麦，4回蒸溜，木炭で濾過）
クリスタル・ヘッド Crystal Head Vodka（穀類，4回蒸溜，木炭とハーキマーダイヤモンドで3回濾過）
シグネチャー Signature Vodka（穀類，ハーブ，5回蒸溜，泉水）
シュラム Schramm Vodka（オーガニックのジャガイモ，銅製ポットで蒸溜，木炭で濾過）
パール Pearl Vodka（小麦，5回蒸溜，6回濾過）
ポーラー・アイス Polar Ice Vodka（穀類，4回蒸溜，3回濾過）

韓国

ハン Han Vodka（大麦と米）

グリーンランド

シーク・グレイシャル・アイス Siku Glacial Ice Vodka（穀類，5回蒸溜，氷河の氷）

クロアチア

アクヴィンタ Akvinta Vodka（オーガニックのイタリア産小麦，3回蒸溜，木炭，大理石，金，銀，プラチナで5回濾過）

ジョージア

エリストフ Eristoff Vodka（穀類，3回蒸溜，木炭で濾過）

スイス
クセレント・スイス Xellent Swiss Vodka（ライ麦，3回蒸溜）

スウェーデン
DQ DQ Vodka（秋まき小麦，複合コラムによる連続蒸溜）
アブソルート Absolut Vodka（秋まき小麦，連続蒸溜）
カールソンズ・ゴールド Karlsson's Gold Vodka（ジャガイモ，1回蒸溜，無濾過）
キャリエル Cariel Vodka（大麦と秋まき小麦，3回蒸溜）
ケープ・ノース Cape North Vodka（フランス産小麦，銅製ポットスチルで5回蒸溜，テラコッタで濾過）
スヴェトカ Svedka Vodka（秋まき小麦，5回蒸溜，木炭で濾過）
レヴェル Level Vodka（秋まき小麦，連続蒸溜，ポットスチル）

スコットランド
アーマデール Armadale Vodka（小麦と大麦，3回蒸溜）
ヴラディヴァー Vladivar Vodka（穀類，3回蒸溜，木炭で濾過）

スロヴァキア共和国
V 44 V44 Vodka（小麦，4回蒸溜，シュンガイトで濾過）
ダブル・クロス Double Cross Vodka（私有地で栽培した秋まき小麦，7回蒸溜，7回濾過）
ドクトル Doktor Vodka（2回濾過）

チェコ共和国
シンフォニー Symphony Vodka（ジャガイモ，石炭で2回濾過）
ボスコフ Božkov Vodka（モラセス，セルロースで3回濾過）

中国
上海ホワイト Shanghai White Vodka（穀類，4回蒸溜）

デンマーク
ダンツカ Danzka Vodka（全粒小麦，4回蒸溜，3回濾過）
フリース Fris Vodka（小麦，凍結蒸溜）

ドイツ
ヴァリューレ Vallure Vodka（マルチ蒸溜，3回金で濾過）
ゴルバチョフ Gorbatschow Vodka（穀類，3回冷却濾過，2回木炭で濾過）

トルコ
ロッカ Lokka Vodka（ブドウ，5回蒸溜）

ニュージーランド
26000 26000 Vodka（穀類，木炭で3回濾過，2万6000年前の地下水）
42ビロウ 42 Below Vodka（ライ麦，5回蒸溜，木炭で濾過）

ノルウェー
ヴァイキングフィヨルド Vikingfjord Vodka（ジャガイモ，5回蒸溜，木炭で濾過）

フィンランド
コスケンコルヴァ Koskenkorva Vodka（大麦，250回以上蒸溜）
フィンランディア Finlandia Vodka（大麦，連続式複圧蒸溜）

フランス
イドル Idôl Vodka（シャルドネとピノ・ノワール，7回蒸溜，5回濾過）
クウェイ Quay Vodka（小麦とライ麦，5回蒸溜，4回濾過）
グレイ・グース Grey Goose Vodka（小麦，銅製ポットで5段階蒸溜，石灰岩で濾過した水）
ジャン・マルク XO Jean-Marc XO Vodka（4種類の小麦，銅製ポットによる9回蒸溜，リムーザン・オークの木炭で濾過）
シロック Cîroc Vodka（ブドウ，5回蒸溜）
ドラゴン・ブルー Dragon Bleu Vodka（小麦，大麦，ライ麦，1回マイクロ蒸溜）
パーフェクト 1864 Perfect 1864 Vodka（小麦，5回蒸溜，木綿のフィルターで軽く濾過）

ブルガリア
バルカン Balkan Vodka（穀類，3回濾過）

ベラルーシ
クリシュタル・エタロン Kryshtal Etalon Vodka（小麦とライ麦，4回蒸溜，1回濾過）
ベリョーゾバヤ・バーチ Berezovaya Birch Vodka（穀類とシラカバのシロップ）
ミンスカヤ・クリスタル Minskaya Kristall Vodka（小麦とライ麦，4回蒸溜，数回濾過）

ベルギー
ヴァン・フー Van Hoo Vodka（穀類，4回蒸溜，木炭で濾過）
ブラック・クイーン Black Queen Vodka（穀類とハーブ，4回蒸溜）
ヘルテンカンプ Hertenkamp Vodka（穀類，活性炭で濾過）

ポーランド
アルティメット Ultimat Vodka（小麦，ライ麦，ジャガイモ，ハイドロセレクション蒸溜，セラミックで濾過）
ヴィボロヴァ Wyborowa Vodka（ライ麦，3回蒸溜）
ウルヴカ U'Luvka Vodka（ライ麦，小麦，大麦，3回蒸溜）
エヴォリューション Evolution Vodka（ライ麦，5回蒸溜，活性炭で濾過）
オリジナル・ポーリッシュ Original Polish Vodka（ライ麦，6回蒸溜，3回濾過）
クロレフスカ Krolewska Vodka（ライ麦，4回蒸溜，濾過）
シェークスピア Shakespeare Vodka（ライ麦，4回蒸溜）
ジャズ Jazz Vodka（穀類，4回蒸溜，木炭で濾過）
ショパン Chopin Vodka（ジャガイモ，4回蒸溜）
ズブロッカ Zubrówka Vodka（ライ麦とバイソングラス）
ソビエスキ Sobieski Vodka（ライ麦，1回蒸溜）
ソプリツァ Soplica Vodka（ライ麦，4回蒸溜，活性炭で濾過）
プラヴダ Pravda Vodka（ライ麦，5段階蒸溜）
ベルヴェデール Belvedere Vodka（ライ麦，銅製コラムスチルで4回蒸溜，木炭で3回濾過）
ポトツキ Potocki Vodka（ライ麦，2回蒸溜，無濾過）
ミリタリー・ファイブ Military Five Vodka（穀類，3回蒸溜）
ルクスソワ Luksusowa Vodka（ジャガイモ，3回蒸溜，木炭とオークのチップで濾過）

南アフリカ
カウント・プーシキン Count Pushkin Vodka（5回蒸溜）
ロマノフ Romanoff Vodka（モラセス，コラムスチル）

メキシコ
ヴィラ・ロボス Villa Lobos Vodka（トウモロコシ，小麦，大麦，5回蒸溜）

モルドヴァ
エクスクルーシヴ Exclusive Vodka（秋まき小麦，5回蒸溜）
ファイヤースターター Firestarter Vodka（秋まき小麦，5回蒸溜，濾過）

モンゴル
グランドハーン Grandkhaan Vodka（小麦，1年かけて蒸溜，29回の濾過）
チンギス Chinggis Vodka（小麦，8回蒸溜，ケイ砂とアメリカシラカバの活性炭で濾過）

ラトヴィア
ダンノフ Dannoff Vodka（秋まき小麦，4回蒸溜，活性炭で濾過）

リトアニア
オゾン Ozone Vodka（穀類，多重濾過）
ストゥムブラス Stumbras Vodka（穀類，銀で濾過）
リトアニア・オリジナル Lithuania Original Vodka（穀類，3回蒸溜，砂，石英，シラカバの活性炭で濾過）

ロシア
インペリア Imperia Vodka（小麦，8回蒸溜，石英で濾過）
カウフマン Kauffman Vodka（1回の収穫で得られた小麦，14回蒸溜，シラカバの炭で1回，石英で1回ずつ濾過
カラシニコフ Kalashnikov Vodka（穀類，ラドガ湖の水）
クリスタル Cristall Vodka（穀類，独自の蒸溜プロセス，石英，炭素粒で濾過）
ジュエル・オブ・ロシア Jewel of Russia Vodka（秋まき小麦，ライ麦，モモの炭とアンズの種で5段階のゆっくりした濾過）
ズィア Zyr Vodka（秋まき小麦とライ麦，5回蒸溜，シラカバの木炭で4回濾過）

ストリチナヤ Stolichnaya Vodka（小麦とライ麦，4回蒸溜，石英，活性炭，布で4回濾過）
ゼリョーナヤ・マールカ Zelyonaya Marka Vodka（小麦，プラチナと銀で濾過）
タヴァーリシ Tovaritch Vodka（小麦，5回蒸溜，シラカバの炭で3回濾過）
ツァルスカヤ Tsarskaya Vodka（穀類，香りづけにボダイジュのハチミツとボダイジュの花）
フラグマン Flagman Vodka（小麦，3回蒸溜，濾過）
ベルーガ Beluga Vodka（モルトスピリッツ，3回蒸溜，シベリアの泉水，ハチミツ，カラス麦エキス，アザミのエキス，30日熟成）
マーモント Mamont Vodka（シベリアの小麦，5回蒸溜，シラカバの樹皮で3回濾過）
モスコフスカヤ Moskovskaya Vodka（ライ麦と小麦，清らかな氷河の水）
ルースキー・スタンダルト Russian Standard Vodka（秋まき小麦，35メートルの精留塔で4回蒸溜，木炭で濾過）
ロドニク Rodnik Vodka（秋まき小麦，シラカバで濾過）

◉スクリュー・ドライバー

スクリュー・ドライバーに関するもっとも古い記述は，1949年10月24日の「タイム」誌に見られる。アルコールが禁止されているサウジアラビアで，アメリカ人石油技術者がひそかにオレンジジュースにウオッカを加え，スクリュー・ドライバーで混ぜて飲んだと言われている。

ウオッカ…60*ml*
オレンジ果汁…120*ml*

氷を満たしたグラスにウオッカを満たし，オレンジ果汁を上から注ぐ。

……………………………………………

◉ダブル・エスプレッソ

この簡単に作れる飲み物は，コーヒー好きによろこばれる。

砕いた氷
エスプレッソコーヒー…30*ml*
コーヒー風味のウオッカ…30*ml*
グラニュー糖…小さじ1

すべての材料を氷とともにカクテルシェーカーに入れ，よくシェイクする。小さなグラスに注ぐ。

ブラック・ルシアンの作り方に準ずるが，上にクリームか，ミルクとクリーム半々ずつ，あるいはミルクを注ぐ。

……………………………………………

◉ウオッカ・モヒート

このカクテルの名前は由来がはっきりしない。おそらく「ブレンド」か「小さな魂」を意味する。カクテルそのものはもともとラム酒で作られていて，1920年代後半にキューバで生まれた。

ウオッカ…60*ml*
ミントの小枝…3本
砂糖…大さじ2
ライム果汁…大さじ2
レモン果汁…大さじ3
ソーダ水
飾り用にレモンかライムの小片

1. 背の高いグラスにミント，砂糖，果汁を入れて混ぜる。
2. グラスいっぱいに氷を入れ，ウオッカを加え，冷やしたソーダ水を注ぐ。
3. 飾りにレモンかライムの小片を添える。

……………………………………………

◉ジャパニーズ・スリッパ

この緑色の飲み物は心身を爽快にしてくれそうだが，スリッパはいいキック（強烈さ）も与えてくれそうだ。

ウオッカ…45*ml*
ミドリ（マスクメロンの香りのリキュール）…30*ml*
コワントロー…30*ml*
ライム果汁…30*ml*
飾り用にライムのスライス
砕いた氷…6個分

1. 砕いた氷をカクテルシェーカーに入れ，ウオッカ，ミドリ，コワントロー，ライム果汁を加える。
2. よくシェイクし，マティーニグラスに注ぎ入れる。ライムを飾って供する。

……………………………………………

◉ハーヴェイ・ウォールバンガー

人気のパーティードリンク。あるバーテンダーが1952年に考案し，ハリウッドのバーのパトロンだったサーファーの名前をつけたと言われる。

ウオッカ…45*ml*
ガリアーノ（リキュール）…15*ml*
オレンジ果汁…90*ml*
飾り用にオレンジのスライス

1. 背の高いハイボールグラスでウオッカとオレンジ果汁と氷を混ぜる。
2. ガリアーノを混ざらないよう静かに注ぐ。
3. オレンジのスライスを添えて供する。

……………………………………………

ウオッカ…60ml
トマトジュース
ウスターソース…少々
タバスコ…少々
レモン果汁…半個分
カイエンペッパー…ひとつまみ
セロリ塩…ひとつまみ
飾り用にセロリの葉つきの茎，ニンジンスティック，楔（くさび）形のレモン，ディルの芽の酢漬け

1. 背の高いハイボールグラスに氷を入れ，ウスターソースとタバスコ，レモン果汁，セロリ塩，カイエンペッパーを加える。
2. ウオッカを注ぎ，グラスをトマトジュースで満たし，やさしくかき混ぜる。
3. セロリの茎，ニンジンスティック，楔形レモン，酢漬けなどを飾る。

無香料のウオッカの代わりにペッパー・ウオッカ，ホースラディッシュ・ウオッカ，ベーコン・ウオッカ，ディル風味のウオッカを使用すると，さらにスパイシーなカクテルになる。

……………………………………………

◉モスコー・ミュール

1941年にカリフォルニア州ロサンゼルスでふたりのビジネスマンによって考案された。ひとりがウオッカの在庫，もうひとりがジンジャー・ビアの在庫を持て余していたことが誕生のきっかけとなった。この飲み物は冷戦の時代に物議を醸した。

ウオッカ…60ml
ライムジュース…30ml
砂糖のシロップ…小さじ1
ジンジャー・ビア
生のミントの小枝

1. 銅のマグ，またはタンブラーに砕いた氷を半分ほど入れ，ウオッカとライムジュースを注ぐ。
2. マグの残りをジンジャー・ビアで満たし，かき混ぜる。
3. 楔形に切ったライムとミントの小枝を飾りに添える。

……………………………………………

◉ブラック・ルシアン

1949年に初めて登場した。人気が出たのは1980年代のことである。ちびちび飲むタイプのカクテルだ。

ウオッカ…60ml
コーヒーリキュール…30ml

タンブラーに砕いた氷を入れ，ウオッカとリキュールを加え，かき混ぜる。

……………………………………………

◉ホワイト・ルシアン

に。

レモン，ライム，またはオレンジ風味のゼリーの素を釣り合う風味のウオッカとよく混ぜ合わせる。

硬めにしたければ，無香料のゼラチンをゼリーの素に少し混ぜる。

ゼリーの素の代わりに無香料のゼラチンを使ってもよいが，色はきれいにならない。無香料のゼラチンを使うなら，砂糖を少々加える。好みで食紅を使ってもよい。

ゼラチンと合わせるウオッカのフレーバーはさまざまなものを試みるとよい。水の代わりにクランベリージュースなどを沸かして使ってもよい。

このレシピは作る人の創造性がものをいう。

(8個分)
粉末のゼリーの素（ジェロ）…1パック
冷たいウオッカ…180*ml*
湯…180*ml*

1. 1カップよりも多くの湯を沸かす（必要なのは1カップだが，蒸発するので少し多めに沸かす)。
2. 湯の分量を量り，粉末ゼリーの素を入れ，完全に溶けるまで混ぜる。
3. 冷たいウオッカを入れて混ぜる。
4. 3を小さな紙コップかショットグラスに入れる。
5. 4をトレーに載せ，冷蔵庫（冷凍庫ではない）に入れ，固まるまで冷やす(約2～4時間)。供するまで冷やしておく。

………………………………………………

◉ウオッカ・マティーニ

このカクテルはジェームズ・ボンドの映画で有名になったが，今も人気が高い。作り方はいたって簡単だ。

好みの度数のウオッカ…60*ml*
ドライなベルモット酒…少量
レモンの皮の小片，またはグリーンオリーブ1個，あるいは酢漬けタマネギ（飾り用)

1. 大きめのグラスに氷を入れ，ウオッカを注ぐ。
2. ベルモット酒を加え，よくかき混ぜる。
3. マティーニグラスに漉し入れる。レモンの皮，オリーブ，または小さな酢漬けタマネギを飾りに添える。

………………………………………………

◉ブラッディ・マリー

1921年にヴェネツィアのハリーズ・バーで考案されたと言われている。この飲み物はブランチで供されたり，二日酔いの特効薬にされたりすることも多い。さまざまな種類のスパイスと飾りが使われるが，基本的な作り方は以下の通りである。

サーモン（焼くかゆでるかしてほぐしておく）…2カップ（約450g）
ジュメーリィかカンパネッレ（パスタ）…280g

1. 厚手の鍋を中火にかけ，油を入れてエシャロットをやわらかくなるまで炒める（約6分）。
2. スープ，生クリーム，ウオッカを加え，ソースが2カップになるまでゆっくり煮詰める（約1時間）。
3. 鍋を火からおろし，レモンの皮，レモン果汁，ブラックペッパーを入れて混ぜる。ソース½カップを取り除けておく。
4. 鍋にサーモンを加え，弱火で2～3分温める。
5. 水を入れた大鍋に塩少々を入れ，沸騰したらパスタを入れ，アルデンテになるまで10分ほどゆでる。ゆであがったらざるにあげ，湯を捨てる。
6. パスタを大鍋に戻し，取り分けておいたソースであえる。きざんだディルを加え，サーモン入りソースをスプーンで上からかけ，手早く供する。

……………………………………………

◉ホタテ貝のレモンウオッカ風味

（ふたり分）
ホタテ貝…450g
オリーブオイル…小さじ1と大さじ1
ウオッカ…⅔カップ（135ml）
生クリーム（乳脂肪48パーセント以上）…大さじ2
搾りたてのレモン果汁…大さじ1
レモンの皮（おろしたもの）…小さじ1
生のタラゴンの葉（きざんでおく）…大さじ2

1. ペーパータオルでホタテ貝の水気をとり，オリーブオイル小さじ1を塗りこみ，塩と挽きたてのブラックペッパーを振る。
2. 大きめのフライパンに残りの油を入れ，強火にかける。油が温まったらホタテ貝を入れ，両面とも金茶色になるまでソテーする（約5分）。焼けたら皿に取る。
3. フライパンを火からおろし，ウオッカを静かに注ぎ入れ，フライパンにこびりついた焼け焦げをかき落とし，かきまぜ，ソースにする。
4. フライパンを弱めの中火にかけ，クリーム，レモン果汁，レモンの皮を加え，かきまぜる。
5. ホタテ貝とたまった焼き汁をフライパンに戻し，火を通す（約2分）。タラゴンを振りかける。
6. ライス，または皮の堅いパンを添え，ソースに浸しながら食べる。

……………………………………………

◉ゼリー（ジェロ）ショット

色がきれいでパーティーを華やかにするが，強いので続けて飲みすぎないよう

レシピ集

◉ペンネのウオッカソース，ソーセージ添え

（6人分）
乾燥ペンネ…450*g*
エクストラバージンオリーブオイル…¼カップ（55*ml*）
ニンニク…4片（きざんでおく）
赤トウガラシの小片…小さじ½
トマト缶（カット）…830*g*
塩…小さじ½
ウオッカ…½カップ（110*ml*）
ホイップクリーム（乳脂肪分48パーセント以上）…½カップ（110*ml*）
きざんだパセリまたはバジル（飾り用）…¼カップ（大さじ4）
イタリアンソーセージ（こま切れにしておく）…450*g*
おろしたてのパルミジャーノ・レッジャーノ（飾り用）

1. 大きめのフライパンにオイルを入れ，中火にかける。
2. 皮を取ったソーセージをフライパンに入れ，茶色になるまで炒める。
3. ニンニクと赤トウガラシを加え，ニンニクが金茶色になるまで混ぜながら炒める。
4. トマトと塩を加え，煮立たせる。
5. 火を弱め，15分ほど煮込む。
6. ウオッカとクリームを加え，煮立ったら弱火にして3～4分煮込む。
7. ソースを煮込んでいる間に，水を入れた大鍋に塩少々を入れ，沸騰したらパスタを入れ，アルデンテになるまで8～10分ゆでる。
8. パスタとソースをあえ，均等に混ざったらパスタボウルに移す。チーズとパセリまたはバジルを振りかけ，供する。

………………………………………

◉サーモンのパスタ，ウオッカレモンディルクリームソース

（4人分）
エシャロット…4本（約1カップ，細かくきざんでおく）
オリーブオイル…大さじ1
チキンスープ（減塩）…2½カップ（560*ml*）
生クリーム（乳脂肪48パーセント以上）…1カップ（225*ml*）
ウオッカ…½カップ（110*ml*）
塩…小さじ¼
生のディル（きざんでおく）…½カップ（大さじ4）
レモンの皮（おろしたもの）…小さじ1½
レモン果汁…大さじ2
粗びきのブラックペッパー…小さじ¼

パトリシア・ハーリヒー（Patricia Herlihy）
ブラウン大学歴史学名誉教授。エマニュエルカレッジのルイス・ドハーティ・ワイアント教授職を務めた。現在はブラウン大学ワトソン国際学研究所で非常勤講師を務める。専門はロシアおよびソ連史。著書に『アルコール帝国――ウオッカと帝政ロシアの政治 *The Alcoholic Empire: Vodka and Politics in Late Imperial Russia*』（2002年），『オデッサの歴史 *Odessa: A History*』（1987年），『オデッサとトリエステのユダヤ人――ふたつの都市の物語 *Port Jews of Odessa and Trieste: A Tale of Two Cities*』などがある。

大山晶（おおやま・あきら）
翻訳家。1961年生まれ。大阪外国語大学外国語学部ロシア語科卒業。おもな訳書に『朝食の歴史』『アインシュタインとヒトラーの科学者』『「食」の図書館　バナナの歴史』『「食」の図書館　ハチミツの歴史』（以上，原書房），『ポンペイ』『ナチスの戦争 1918-1949』（以上，中央公論新社）などがある。

「食」の図書館

ウオッカの歴史

●

2019年1月29日　第1刷

著者……………パトリシア・ハーリヒー
訳者……………大山 晶
装幀……………佐々木正見
発行者……………成瀬雅人
発行所……………株式会社原書房

〒160-0022 東京都新宿区新宿1-25-13
電話・代表 03(3354)0685
振替・00150-6-151594
http://www.harashobo.co.jp

印刷……………新灯印刷株式会社
製本……………東京美術紙工協業組合

ISBN 978-4-562-05563-0, Printed in Japan

ウイスキーの歴史 《「食」の図書館》
ケビン・R・コザー／神長倉伸義訳

ウイスキーは酒であると同時に、政治であり、経済であり、文化である。起源や造り方をはじめ、厳しい取り締まりや戦争などの危機を何度もはねとばし、誇り高い文化にまでなった奇跡の飲み物の歴史を描く。　２０００円

豚肉の歴史 《「食」の図書館》
キャサリン・M・ロジャーズ／伊藤綺訳

古代ローマ人も愛した、安くておいしい「肉の優等生」豚肉。豚肉と人間の豊かな歴史を、偏見／タブー、労働者などの視点も交えながら描く。世界の豚肉料理、ハム他の加工品、現代の豚肉産業なども詳述。　２０００円

サンドイッチの歴史 《「食」の図書館》
ビー・ウィルソン／月谷真紀訳

簡単なのに奥が深い…サンドイッチの驚きの歴史！「サンドイッチ伯爵が発明」説を検証する、鉄道・ピクニックとの深い関係、サンドイッチ高層建築化問題、日本の総菜パン文化ほか、楽しいエピソード満載。　２０００円

ピザの歴史 《「食」の図書館》
キャロル・ヘルストスキー／田口未和訳

イタリア移民とアメリカへ渡って以降、各地の食文化に合わせて世界中に広まったピザ。本物のピザとはなに？世界中で愛されるようになった理由は？　シンプルに見えて実は複雑なピザの魅力を歴史から探る。　２０００円

パイナップルの歴史 《「食」の図書館》
カオリ・オコナー／大久保庸子訳

コロンブスが持ち帰り、珍しさと栽培の難しさから「王の果実」とも言われたパイナップル。超高級品、安価な缶詰、トロピカルな飲み物など、イメージを次々に変えて世界中を魅了してきた果物の驚きの歴史。　２０００円

（価格は税別）

リンゴの歴史　《「食」の図書館》
エリカ・ジャニク著　甲斐理恵子訳

エデンの園、白雪姫、重力の発見、パソコン…人類最初の栽培果樹であり、人間の想像力の源でもあるリンゴの驚きの歴史。原産地と栽培、神話と伝承、リンゴ酒（シードル）、大量生産の功と罪などを解説。　２０００円

ワインの歴史　《「食」の図書館》
マルク・ミロン著　竹田円訳

なぜワインは世界中で飲まれるようになったのか？　8千年前のコーカサス地方の酒がたどった複雑で謎めいた歴史を豊富な逸話と共に語る。ヨーロッパからインド／中国まで、世界中のワインの話題を満載。　２０００円

モツの歴史　《「食」の図書館》
ニーナ・エドワーズ著　露久保由美子訳

古今東西、人間はモツ（臓物以外も含む）をどのように食べ、位置づけてきたのか。宗教との深い関係、高級食材でもあり貧者の食べ物でもあるという二面性、食料以外の用途など、幅広い話題を取りあげる。　２０００円

砂糖の歴史　《「食」の図書館》
アンドルー・F・スミス著　手嶋由美子訳

紀元前八千年に誕生したものの、多くの人が口にするようになったのはこの数百年にすぎない砂糖。急速な普及の背景にある植民地政策や奴隷制度等の負の歴史もふまえ、人類を魅了してきた砂糖の歴史を描く。　２０００円

オリーブの歴史　《「食」の図書館》
ファブリーツィア・ランツァ著　伊藤綺訳

文明の曙の時代から栽培され、多くの伝説・宗教で重要な役割を担ってきたオリーブ。神話や文化との深い関係、栽培・搾油・保存の歴史、新大陸への伝播等を概観、また地中海式ダイエットについてもふれる。　２２００円

（価格は税別）

ソースの歴史 《「食」の図書館》
メアリアン・テブン著 伊藤はるみ訳

高級フランス料理からエスニック料理、B級ソースまで…世界中のソースを大研究! 実は難しいソースの定義、進化と伝播の歴史、各国ソースのお国柄、「うま味」の秘密など、ソースの歴史を楽しくたどる。

2200円

水の歴史 《「食」の図書館》
イアン・ミラー著 甲斐理恵子訳

安全な飲み水の歴史は実は短い。いや、飲めない地域は今も多い。不純物を除去、配管・運搬し、酒や炭酸水として飲み、高級商品にもする…古代から最新事情まで、水の驚きの歴史を描く。

2200円

オレンジの歴史 《「食」の図書館》
クラリッサ・ハイマン著 大間知知子訳

甘くてジューシー、ちょっぴり苦いオレンジは、エキゾチックな富の象徴、芸術家の霊感の源だった。原産地中国から世界中に伝播した歴史と、さまざまな文化や食生活に残した足跡をたどる。

2200円

ナッツの歴史 《「食」の図書館》
ケン・アルバーラ著 田口未和訳

クルミ、アーモンド、ピスタチオ…独特の存在感を放つナッツは、ヘルシーな自然食品として再び注目を集めている。世界の食文化にナッツはどのように取り入れられていったのか。多彩なレシピも紹介。

2200円

ソーセージの歴史 《「食」の図書館》
ゲイリー・アレン著 伊藤綺訳

古代エジプト時代からあったソーセージ。原料、つくり方、食べ方…地域によって驚くほど違う世界中のソーセージの歴史。馬肉や血液、腸以外のケーシング(皮)などの珍しいソーセージについてもふれる。

2200円

(価格は税別)

脂肪の歴史 《「食」の図書館》

ミシェル・フィリポフ著　服部千佳子訳

絶対に必要だが嫌われ者…脂肪。油、バター、ラードほか、おいしさの要であるだけでなく、豊かさ（同時に「退廃」）の象徴でもある脂肪の驚きの歴史。良い脂肪／悪い脂肪論や代替品の歴史にもふれる。　２２００円

バナナの歴史 《「食」の図書館》

ローナ・ピアッティ＝ファーネル著　大山晶訳

誰もが好きなバナナの歴史は、意外にも波瀾万丈。栽培の始まりから神話や聖書との関係、非情なプランテーション経営、「バナナ大虐殺事件」に至るまで、さまざまな視点でたどる。世界のバナナ料理も紹介。　２２００円

サラダの歴史 《「食」の図書館》

ジュディス・ウェインラウブ著　田口未和訳

緑の葉野菜に塩味のディップ…古代のシンプルなサラダがヨーロッパから世界に伝わるにつれ、風土や文化に合わせて多彩なレシピを生み出していく。前菜から今ではメイン料理にもなったサラダの驚きの歴史。　２２００円

パスタと麵の歴史 《「食」の図書館》

カンタ・シェルク著　龍和子訳

イタリアの伝統的パスタについてはもちろん、悠久の歴史を誇る中国の麵、アメリカのパスタ事情、アジアや中東の麵料理、日本のそば／うどん／即席麵など、世界中のパスタと麵の進化を追う。　２２００円

タマネギとニンニクの歴史 《「食」の図書館》

マーサ・ジェイ著　服部千佳子訳

主役ではないが絶対に欠かせず、吸血鬼を撃退し血液と心臓に良い。古代メソポタミアの昔から続く、タマネギやニンニクなどのアリウム属と人間の深い関係を描く。暮らし、交易、医療…意外な逸話を満載。　２２００円

（価格は税別）

カクテルの歴史《「食」の図書館》
ジョセフ・M・カーリン著　甲斐理恵子訳

氷やソーダ水の普及を受けて19世紀初頭にアメリカで生まれ、今では世界中で愛されているカクテル。原形となった「パンチ」との関係やカクテル誕生の謎、ファッションその他への影響や最新事情にも言及。　2200円

メロンとスイカの歴史《「食」の図書館》
シルヴィア・ラブグレン著　龍和子訳

おいしいメロンはその昔、「魅力的だがきわめて危険」とされていた!? アフリカからシルクロードを経てアジア、南北アメリカへ…先史時代から現代までの世界のメロンとスイカの複雑で意外な歴史を追う。　2200円

ホットドッグの歴史《「食」の図書館》
ブルース・クレイグ著　田口未和訳

ドイツからの移民が持ち込んだソーセージをパンにはさむ――この素朴な料理はなぜアメリカのソウルフードにまでなったのか。歴史、つくり方と売り方、名前の由来ほか、ホットドッグのすべて！　2200円

トウガラシの歴史《「食」の図書館》
ヘザー・アーント・アンダーソン著　服部千佳子訳

マイルドなものから激辛まで数百種類。メソアメリカで数千年にわたり栽培されてきたトウガラシが、スペイン人によってヨーロッパに伝わり、世界中の料理に「なくてはならない」存在になるまでの物語。　2200円

キャビアの歴史《「食」の図書館》
ニコラ・フレッチャー著　大久保庸子訳

ロシアの体制変換の影響を強く受けながらも常に世界を魅了してきたキャビアの歴史。生産・流通・消費についてはもちろん、ロシア以外のキャビア、乱獲問題、代用品、買い方・食べ方他にもふれる。　2200円

（価格は税別）

トリュフの歴史 《「食」の図書館》
ザッカリー・ノワク著 富原まさ江訳

かつて「蛮族の食べ物」とされたグロテスクなキノコはいかにグルメ垂涎の的となったのか。文化・歴史・科学等の幅広い観点からトリュフの謎に迫る。フランス・イタリア以外の世界のトリュフも取り上げる。 2200円

ブランデーの歴史 《「食」の図書館》
ベッキー・スー・エプスタイン著 大間知知子訳

「ストレートで飲む高級酒」が「最新流行のカクテルベース」に変身…再び脚光を浴びるブランデーの歴史。蒸溜と錬金術、三大ブランデーの歴史、ヒップホップとの関係、世界のブランデー事情等、話題満載。 2200円

ハチミツの歴史 《「食」の図書館》
ルーシー・M・ロング著 大山晶訳

現代人にとっては甘味料だが、ハチミツは古来神々の食べ物であり、薬、保存料、武器でさえあった。ミツバチと養蜂、食べ方・飲み方の歴史から、政治、経済、文化との関係まで、ハチミツと人間との歴史。 2200円

海藻の歴史 《「食」の図書館》
カオリ・オコナー著 龍和子訳

欧米では長く日の当たらない存在だったが、スーパーフードとしていま世界中から注目される海藻…世界各地のすぐれた海藻料理、海藻食文化の豊かな歴史をたどる。日本の海藻については一章をさいて詳述。 2200円

ニシンの歴史 《「食」の図書館》
キャシー・ハント著 龍和子訳

戦争の原因や国際的経済同盟形成のきっかけとなるなど、世界の歴史で重要な役割を果たしてきたニシン。食、環境、政治経済…人間とニシンの関係を多面的に考察。日本のニシン、世界各地のニシン料理も詳述。 2200円

（価格は税別）